FORSCHUNGSBERICHTE DES LANDES NORDRHEIN-WESTFALEN

Nr. 2402

Herausgegeben im Auftrage des Ministerpräsidenten Heinz Kühn
vom Minister für Wissenschaft und Forschung Johannes Rau

Prof. -Dr. -Ing. Helmut Winterhager
Dr. -Ing. Hans-Peter Krug

Institut für Metallhüttenwesen und Elektrometallurgie
der Rhein. -Westf. Techn. Hochschule Aachen

Darstellung von Mischkristall-Karbiden im Plasmabrenner

Westdeutscher Verlag 1974

Gesamtherstellung: Westdeutscher Verlag

ISBN-13: 978-3-531-02402-8 e-ISBN-13: 978-3-322-88265-3
DOI: 10.1007/978-3-322-88265-3

Inhalt

1. Einleitung

Ergebnisse früherer Arbeiten am Institut (1) haben die grundsätzliche Eignung des Plasmaschmelzverfahrens zur Herstellung hochschmelzender Karbide nachgewiesen. Die hierbei und aus anderen Literaturangaben, insbesondere über das Schmelzen von Urankarbid, gewonnenen Erfahrungen sollten in einem Plasmastrahlofen zum Schmelzen von Karbiden mit sehr hohem Schmelzpunkt (Fp $>$ 2500°C) ihre Anwendung finden, wobei zusätzlich auf den Modellcharakter des Ofenaggregates für eine eventuelle technische Nutzung des Verfahrens geachtet wurde.

2. Plasmaschmelzen und konkurrierende Verfahren zur Herstellung von Hartstoffen

Zum Schmelzen von hochschmelzenden Karbiden sind sehr hohe Temperaturen bei gleichzeitig genügend großen Wärmemengen notwendig, weshalb der Einsatz von Plasmabrennern gerade in diesem Zweig der metallurgischen Technik von Interesse ist.

Äußere Kennzeichen eines Plasmas sind sein hoher Wärmeinhalt und seine elektrische und thermische Leitfähigkeit. Für technische Prozesse genügt es, diese beiden kennzeichnenden Eigenschaften, die sich bei reinen Gleichstrombrennern, und um diese soll es sich im weiteren Verlauf der Ausführungen ausschließlich handeln, durch Brennerdaten wie Stromstärke, Brennspannung, Düsenquerschnitt und Gasdruck ausdrücken lassen, zu beherrschen. Hierbei verzichtet man ausdrücklich auf die Messung der eigentlichen Plasmatemperatur, die sich sehr schwierig aus der Elektronendichteverteilung, den thermischen Anregungsfunktionen und den Spektrallinienemissionskoeffizienten ermitteln läßt (2-6).

Will man aus dem austretenden Strahl eines Plasmabrenners nutzbare Energie gewinnen, so steht diese ausschließlich in Form von Strahlungsenergie sowie durch Wärmeströmungs- und Wärmediffusionsprozesse zur Verfügung. Die Menge an ausgebrachter Energie muß allerdings im Innern des Brenners durch ohm'sche Erhitzung regeneriert werden. Nimmt der Verlust an Plasmaenergie größere Ausmaße an, verliert das Plasma seine Homogenität und geht in einen Zustand des lokalen thermodynamischen Gleichgewichtes über, der durch eine hohe Elektronendichte von 10^{18} cm^{-3} (7) gekennzeichnet ist.

Zur Durchführung von chemischen und metallurgischen Reaktionen ist jedoch nicht nur die zur Verfügung stehende hohe Temperatur, sondern auch die Quenchfähigkeit des Aggregates von Bedeutung. Unter Quenchen versteht man das Abschrecken und Einfrieren des im Hochtemperaturplasma eingestellten chemischen Gleichgewichtes.
Da die Notwendigkeit des Quenchens einen Transportvorgang notwendig macht, erfordert die Verwendung der Plasmawärme für metallurgische Aufgaben umfangreiche Apparaturen. Es sind zwar zur Reduktion von Metalloxiden viele Konstruktionen von Plasmabrennern

bekannt (8-11); ein direktes Vorbild für den hier zum Reduzieren und Schmelzen verwendeten Ofen gibt es jedoch nicht. Will man Karbide auf herkömmliche Weise bei hohen Temperaturen behandeln, lassen sich störende Reaktionen des Einsatzgutes mit dem Ofenmaterial, etwa bei Wolfram-, Molybdän- oder Kohlerohrwiderstandserhitzung, nicht vermeiden, da selbst die hochfeuerfesten Materialien oberhalb von 2000°C Reaktionen hervorrufen und bedeutende Zersetzungsdrücke aufweisen.

Daher wird in der Technik fast ausschließlich die Festkörperreaktion angewandt, der natürlich neben anderen Nachteilen die sehr geringe Raum-Zeit-Ausbeute anhaftet. Als weitere Konkurrenz bietet sich in jüngster Zeit das Schmelzen im Metallhilfsbad an, welches natürlich nur von reinen Karbiden ausgehend eine Gewinnung von Mischkristallkarbiden bei relativ niedrigen Temperaturen ermöglicht, jedoch hohe Verluste an Hilfsmetall, wie auch an karbidbildendem Metall hat (12).

3. Kristalliner Aufbau und physikalische Eigenschaften von Mischkarbiden

Für die Bildung von Mischkristallkarbiden sind mehrere Faktoren von Bedeutung. Beide Komponenten müssen

1. eine gleiche Gitterstruktur aufweisen,
2. ein günstiges Atomradienverhältnis haben und
3. aus benachbarten Gruppen des Periodensystems stammen.

Eine interstitielle Lösung liegt in den Systemen Ti-O, Ti-C, V-O, V-C, Nb-O, Nb-C und W-C usw. vor und bezieht sich auf die Elemente, deren extrem geringer Atomradius ihnen eine Verteilung auf die Zwischengitterplätze des Matrix-Metalls erlaubt. Die Mischkarbide, auch binäre Karbide genannt, sind im Hinblick auf ihre Bindung zum Kohlenstoff interstitielle Mischkristalle, im Hinblick auf die verschiedenen Metallatome Substitutions-Mischkristalle. Mischkristallkarbide müssen daher immer ein System mit völliger Löslichkeit im festen Zustand bilden (13). Bei Substitutionsmischkristallen, wie sie bei den reinen Metallen häufig vorkommen, können im festen Zustand noch zwei charakteristische Erscheinungen auftreten: Entmischung und Überstrukturbildung. Während von Rudy (14) und Kieffer (15) Entmischungen im festen Zustand in den Systemen TaC-VC und NbC-VC nachgewiesen wurden, sind Ordnungsvorgänge im Mischkristallgitter, die sich auf die Verteilung der Metallatome auf die Gitterplätze untereinander beziehen, noch nicht beobachtet worden. Beim Plasmaschmelzen und anschließenden Quenchen der Karbide in der Kühlkokille sind völlig ungeordnete Mischkristalle erhalten worden, an denen mit geeigneten Maßnahmen vermutlich ein Ordnungsvorgang der Gitteratome eingeleitet werden könnte. Die quasibinären Schnitte der ternären Systeme Me I-Me II-C stellen mit Ausnahme des Schnittes TiC-WC Systeme mit völliger Löslichkeit dar. Das angesprochene System TiC-WC zeigt wohl eine Kristallaufspaltung im Festen bei ca. 50 Mol % an, was jedoch nur für den Gleichgewichtsfall gilt. Naheliegend ist, zu vermuten, daß im Ungleichgewicht ein System mit völliger Löslichkeit über den gesamten Konzentrationsbereich besteht.

Kennzeichnend für eine lückenlose Reihe von Mischkristallen sind bestimmte Funktionsverläufe in Abhängigkeit von der Zusammensetzung. Dabei ist festzustellen, daß für bestimmte Eigenschaften nur die statistische Verteilung der Atomsorten im Gitter zuständig ist. Dies bedeutet, daß die Funktionen dieser Eigenschaften (Gitterparameter und Dichte) in Abhängigkeit von der Konzentration linear verlaufen (Vegard'sche Regel (16)). Bei anderen Faktoren sind die Bindungskräfte im Gitterverband maßgeblich (Härte, Zugfestigkeit, Streckgrenzenerhöhung, Elastizität und Dehnung); hierbei ergeben sich Funktionsbilder höheren Grades (17,18).

Da diese Regeln für alle Mischkristalle Gültigkeit besitzen, sind in diese Betrachtung auch mischkarbidähnliche Legierungen einbezogen, z. B. MeC-MeO. Auch die Mononitride der Übergangsmetalle bilden mit den Monokarbiden gleicher Gitterstruktur in den meisten Fällen Systeme völliger Mischbarkeit (19).

Völlige Mischbarkeit liegt bei den in der vorliegenden Arbeit gewählten Karbiden vor bei

TiC-VC, NbC-VC, TiC-TiO, TaC-VC
Radienverhältnis = 1,0 ± 15 %

Teilweise Mischbarkeit bei:
TiC-WC; Radienverhältnis = 1,0 ± 30 %

wobei nicht ausgeschlossen wird, daß auch eine kubische WC-Phase existiert (20,21,22).

Zum Nachweis der Entstehung von Mischkristallkarbiden ist es daher angezeigt, den Verlauf einzelner Funktionen in Abhängigkeit von der Konzentration zu verfolgen, um festzustellen, ob die oben aufgestellten Regeln zutreffen. Alle im Plasma abzuschmelzenden Proben haben einen Kohlenstoffgehalt, der 105 % der stöchiometrisch zur MeC-Bildung nötigen Kohlenstoffmenge entspricht, wobei die Mischung aus den Vorstoffen der Einzelkarbide so zusammengesetzt ist, daß der gesamte Konzentrationsbereich am quasibinären Schnitt überfahren werden kann.

4. Darstellung von Mischkarbiden

Zur Darstellung von Mischkarbiden im Plasmastrahlofen war die Neukonstruktion eines Ofenaggregates unumgänglich geworden, da die zu erwartenden Temperaturen im Bereich von 3000°C lagen. Im folgenden sollen die Gesichtspunkte, die der Konstruktion zugrunde liegen, erörtert werden.

4.1 Aufbau der Versuchsapparatur

Die Nutzung der Plasmawärme für Feststoffreaktionen ist insbesondere bei porösen Materialien, wie sie Reaktionspresslinge aus Metalloxid und Kohlenstoff darstellen, vielversprechend, da es als gesichert gilt, daß spezifische Rekombinationsvorgänge des ionisierten und atomaren Trägergases an der Oberfläche des Presslings in die Wärmeübergangsbetrachtung einbezogen werden müssen (23).

Die Plasmazusammensetzung hat für den Reduktions- bzw. Reaktionsvorgang eine untergeordnete Bedeutung, da sich die Reaktionsprobe nicht im thermischen Gleichgewicht mit dem Plasma befindet. Vielmehr sind die thermischen Eigenschaften, die durch die Wärmekapazität, Strahlungsübergangs- und Wärmeleitungsmechanismen gebildet werden (5), nur im Ungleichgewichtszustand nutzbar. Da die Ausbildung eines Plasmas nach Unsöld (4) auf der Stoßkinetik der Reaktions- und Anregungsvorgänge beruht, sollte der Energieaustausch zwischen Plasma und Reaktionsmedium hauptsächlich durch Stoßanregung und weniger durch Strahlung erfolgen. Es ist daher sinnvoll, dem aus dem Brenner ausgestoßenen Plasma durch weitere elektrische Aufladung den hohen Ionisationsgrad über weitere Entfernungen von der Brenneraustrittsdüse zu erhalten und so einen hohen Energieinhalt des Plasmagases in der Nähe der metallurgischen Probe zu konservieren. Über die reine Gewinnung von Karbiden durch Reduktion aus den entsprechenden Oxiden mit Hilfe der Plasmawärme in indirekten Brennern oder gar mit übertragendem Lichtbogen gibt es weder Vorlagen noch Vorschläge. Es existieren wohl zahlreiche Schrifttumsangaben, die auf Umschmelzversuche oder Karburierungsversuche an Karbiden hinweisen und die zum Teil industrielle Bedeutung erlangt haben und im Lichtbogen (-plasma) durchgeführt worden sind (25-28).

Der Konstruktion des Plasmastrahlofens lagen folgende prinzipielle Forderungen zugrunde:

1. Alle verschleißgefährdeten Teile sollten leicht ersetzbar sein und aus billigen Baustoffen bestehen.

2. Der elektrische Energiebedarf sollte von den zur Verfügung stehenden Aggregaten gedeckt werden können.

3. Der Ofen sollte möglichst weitgehend automatisiert und die Bedienung ungefährlich sein.

Die Summe dieser Forderungen führte dazu, daß ein Dreiphasenbetrieb auf dem transferred-arc eingerichtet wurde und nur die eigentlichen Brenner, der Ofenraum und die elektrische Installation erneuert bzw. verändert werden mußten. Als Chassis dient weiterhin ein ehemaliger Lichtbogenofen, wie er schon vorher (1) eingesetzt worden war.

Der neu konstruierte Ofenkessel hat eine lichte Weite von 220 mm Ø und besitzt einen wassergekühlten Doppelmantel aus Stahlblech. Die Wahl der Ofenabmessungen ist einerseits gegeben durch einen größtmöglichen Abstand der Ofenwand zur Plasmaflamme, zum anderen soll das Ofenvolumen zur Vermeidung der Oxydation von ausreagiertem Probengut möglichst gering sein, um den Ofenraum beim Versuch rasch und vollständig mit Reaktionsgas füllen zu können.

Die Gefahr eines Kurzschlusses besteht bei einem zu kurzen Abstand zwischen Brennerausgang und der gegenüberliegenden Kesselwand, da auch das "kalte Ende", der nicht leuchtende Teil der Plasmaflamme, noch fähig ist, den transferred-arc mit der Kesselwand, die aus Sicherheitsgründen auf die Betriebserde (Nulleiter) geschaltet ist, zu bilden; dabei würde die Kesselwand jedoch beschädigt.

4.1.1 Konstruktion des Ofens und Überwachung der Betriebsmittel (Abb. 1-3)

Die Plasmabrenner, die im Ofenkessel drehbar und elektrisch isoliert im Winkel von 120° eingebaut sind, bestehen aus insgesamt vier einzelnen Bauteilen. Die Kathode -10- aus einem Wolframstab mit 6 mm Ø, der nach Angaben (5) für Brenner von über 25 kW ausreicht, ist in ein wassergekühltes Kupferdoppelrohr -8- eingelötet; das Rohr wird durch einen Teflonmantel -9- mit Gasführungsnuten im Brennergehäuse -1- zentriert und elektrisch isoliert. Es hatte sich gezeigt, daß nur die durchgehende Teflonisolierung in der Lage ist, den Hf-Zündimpuls vom gefährdeten Kupferrohr abzuhalten (siehe Abb. 2).

Das Gegenstück zur Kathode bildet die Kohle-Anodendüse -3-, die, von einem Kohle-Überwurfring -4- gehalten, in das Brennergehäuse am Kühlring -2- eingeschoben ist. Die elektrischen Anschlüsse -7- und -11- sowie der Wasseranschluß -5- und die Brennerdichtung zur Atmosphäre -6- vervollständigen das Aggregat.

Die Kohlenanode kommt mit dem inneren Wasserkreislauf des Brenners nicht in Berührung, so daß sich keine Dichtungsprobleme ergeben. Außerdem wurde beabsichtigt, die Düse weißglühend werden zu lassen, um so hohe Wärmeverluste zu vermeiden und den Wirkungsgrad des Brenners zu erhöhen. Auf der anderen Seite ist eine starke Einschnürung des Plasmas an einer kalten Anodendüse gar nicht notwendig (thermischer Pincheffekt) (7,29). Es wurde deutlich, daß die Anodenkohle vom Plasmastrahl weit weniger angegriffen wurde als im Vorversuch die direkt gekühlten Kupferanodendüsen. Diese Anordnung schließt selbstverständlich die Verwendung von Sauerstoff oder chlorhaltigen Gasen zur Plasmaerzeugung aus. Beim Einsatz von Stickstoff war nicht zu befürchten, daß sich C-N-Verbindungen bilden würden, und eine Probenverunreinigung durch verdampfenden Anodenwerkstoff ist unkritisch, da den Proben sehr viel Kohlenstoff ohnehin beigegeben ist. Der Austrittskanal, auf 4 mm Ø aufgebohrt, ist so bemessen, daß er bis auf 8 mm Ø ausbrennen kann, bevor Unregelmäßigkeiten der Flammenführung zu befürchten sind.

Gemessen wurden im Ofen Strom und Spannung an den pilot-arcs, ferner Phasenstrom, Sternspannung, Drehstromleistung und Phasenwinkel des überlagerten Bogens. Eine automatische Verriegelung schaltet den Drehstrom ab, wenn entweder Gas, Kühlwasser oder pilot-arcs ausbleiben. Im Falle eines Kühlwasserlecks wird der gesamte Strom abgeschaltet. Ein Verzögerungsglied bei der Drehstromversorgung verhindert das sofortige Einschalten der vollen Leistung.

Die Führung der einzelnen Plasmabrenner (Abb. 4) ist in der Horizontalen beweglich angeordnet, da es sich gezeigt hat, daß sich die Probenpresslinge beim Aufheizen bis zu 20° aus ihrer Mittelachse verbiegen. Diese Beweglichkeit erhält das Brennergehäuse durch eine Metallfaltenbalgabdichtung im Innern des Ofenmantels.

Die Verwendung von Drehstrom für den überlagerten Lichtbogen (transferred-arc) auf dem ausgestoßenen Plasmastrahl bei gleichzeitigen Arbeiten von drei unabhängigen Plasmabrennern hat mehrere Vorteile:

a) Die Probe wird allseitig erhitzt, die Plasmawärme verteilt sich besser über den gesamten Umfang.

b) Der "transferred-arc" wird von den elektrischen Leitfähigkeitskriterien des Probengutes unabhängig, was sich insbesondere im Hinblick auf den Vorreduktionsgrad bezüglich des Sauerstoffgehaltes günstig auswirkt.

c) Es wird eine größere Betriebssicherheit im übertragenden Bogen erreicht, die die Störungsquote im Schmelzbetrieb herabsetzt.

Zur Stromversorgung des Plasmastrahlabschmelzofens wird für die pilot-arcs ein Doppelgleichrichter und ein rotierender Schweißumformer, der auf die speziellen Anforderungen der Plasmaerzeugung abgestimmt wurde, verwendet und in Form dreier unabhängiger erdfreier Stromkreise mit je einem Plasmabrenner verbunden. Der negative Pol ist bei diesen Brennern immer die Wolframkathode.
Die Kohleanode jeder der drei Brenner stellt einen Pol des drehstromgespeisten transferred-arc dar. Man hätte auch den übertragenden Bogen an der Wolframkathode ansetzen lassen und den pilotarc abschalten können. Bei Versuchen mit dieser Schaltung zeigte sich jedoch, daß die Wärmebelastung durch die Kathodenstangenkühlung nicht aufgefangen werden konnte. Für die beim Ofenbetrieb verwendete Schaltungsvariante spricht das sichere Zünden des transferred-arc, der Nachteil ist der zusätzliche Energieaufwand durch die Aufrechterhaltung der "pilot-arcs" während des gesamten Schmelzprozesses (siehe Abb. 5).

Zur Speisung des Drehstrombogens sind drei Schweißtransformatoren mit einem auf der Primärseite von Hand auszulösenden Stern-Dreieck-Umschaltrelais an das Netz gelegt. Die sekundärseitige Schaltung der Transformatoren ist als Sternschaltung ausgelegt, wobei die abzuschmelzende Probe in Form eines Presslings an einer gekühlten Elektrodenabsenkstange im Zentrum des Ofens steht, und die von den Plasmabrennern ausgehenden Strahlen im Sinne eines elektrischen Sternpunktes der Drehstrombögen auf sich vereinigt. Die eigentliche Schmelzzone bildet sich nach dem Zünden des überlagerten Bogens in Form eines rotierenden Plasmaringes der die Probe umgibt. Beim Verbrauchen der Probe erlischt der Drehstrombogen, daher wird der Stromverbrauch bei der Energiebilanz zweckmäßigerweise nur auf der Drehstromseite des "transferred-arc" berücksichtigt. Die Erscheinungsformen des Plasmaringes im Innern des Ofens sind stark abhängig von der Gasströmung, dem Innendruck und der aufgeladenen Energie.

Die zur Verfügung stehende Temperatur läßt sich für die Probennähe nur sehr schwer abschätzen. Durch Vergleich mit ähnlichen offenen Plasmaflammen dürften die Temperaturen bei den gewählten Anodendüsenquerschnitten und Brennerströmen ca. 5000 K betragen.

4.2 Betrieb der Plasmabrenner und Versuchsablauf

Zur Inbetriebnahme des Plasmaschmelzofens müssen Betriebsgas und Kühlwasser in ausreichender Menge dem Ofen zugeführt werden, bis die Bereitschaftsanzeigen ansprechen.

Bei eingeschalteten Gleichstromquellen kann mit Hilfe des Hochfrequenzzündgenerators ein Plasmabrenner nach dem anderen in Betrieb gesetzt werden. Nach Wahl der Stromstärke, die unter anderem die Flammenlänge bestimmt, kann die Drehstromversorgung eingeschaltet werden. Bei geeigneter Strahlrichtung zündet der transferred-arc selbsttätig, was sich durch eine deutliche Verlängerung des Plasmastrahls bei gleichzeitiger Lichtintensitätszunahme äußert. Von jetzt an kann ein metallurgischer Schmelzprozeß eingeleitet werden. Es sind bisher Schmelzversuche von mehr als 35 min. Dauer durchgeführt worden, ohne daß sich Schäden oder deutliche Abnutzungserscheinungen an allen Ofenaggregaten gezeigt hätten. Von allen Bauteilen unterliegen die Kohlenanodendüsen, insbesondere bei großen Leistungen im Drehstromüberlagerungsbogen, dem größten Verschleiß durch Kavitation und Korrosion durch das ausgestoßene Plasmagas, wobei zu bedenken ist, daß die Ausstoßgeschwindigkeiten bei den verwendeten Düsenöffnungsquerschnitten und bei in Betracht kommenden Stromstärken bei etwa 2/3 der Schallgeschwindigkeit liegen (29).

Während die Plasmabrenner mit Argon störungsfrei und problemlos betrieben werden können, ist der Einsatz von Stickstoff nur eingeschränkt möglich. Nur bei sehr kleinen Gasdrucken mit gleichzeitig hohen Stromstärken ist ein gleichmäßiger Brennerbetrieb möglich.

Da der Ofen speziell zur chemischen Synthese mit schmelzflüssigem Endprodukt von hochschmelzenden Karbiden und Mischkarbiden konstruiert wurde, wird in einem Diagramm (Abb. 6) die Schmelzbarkeit von Mischkarbiden, d. h. Stoffen, die einen von ihrer Zusammensetzung abhängigen Schmelzpunkt haben, dargestellt. Man wählt auf der Ordinate als Einheiten Mol-% des höher schmelzenden Stoffes und trägt auf der Abszisse die Wirkleistung des übertragenen Bogens auf.

Die einzelnen Meßpunkte wurden aufgenommen, indem nach Aufheizen der Probe während eines normalen Betriebsversuches die Leistung an den Transformatoren stetig höher geregelt wurde, bis der erste Schmelztropfen sichtbar war; die elektrischen Werte wurden am Leistungsmesser abgelesen. Einige Legierungen aus TiC-WC und TiC-VC schmolzen allein schon durch die Energie der pilot-arcs, während andere Legierungen, insbesondere NbC-VC und TiC-TiO, sich erst bei höheren Bogenenergien der zweiten Stufe bildeten.

Erschmelzen von Mischkristallkarbiden

Vor dem eigentlichen Schmelzprozeß müssen die Ausgangsstoffe vorbehandelt werden. Für die im vorliegenden Fall zu bearbeitenden Substanzen standen die Oxide der Karbid-bildenden Metalle zur Verfügung. Die Verarbeitung der reinen Oxide mit Kohlenstoff im Plasmastrahlofen wirft jedoch Probleme hinsichtlich der Festigkeit der Presslinge, der gewinnbaren Karbidmenge in bezug auf die Mengenverhältnisse der Ausgangsmischung und der Verstaubung von feinen Teilchen auf. Durch teilweisen Sauerstoffentzug kann aus den Oxiden ein Vorprodukt werden, welches eine größere Dichte und eine bessere Preßbarkeit besitzt, wodurch die Probenausbeute im Hinblick auf Staubverluste zunimmt. Die Vorreduktion wurde in einem widerstandsbeheizten Röhrenofen mit Stadtgasspülung bei 900 bis 1000 °C vorgenommen. Nach der Umstellung auf Erdgas stellten sich nach einiger Zeit Mängel, wie z. B. Verstopfung von Gasleitungen durch ausgeschiedenen Kohlenstoff, ein, worauf die Reduktion von vorzugsweise Nb_2O_5 und TiO_2 mit Kohlenstoff im Induktionsofen bei 1200 °C und 150 Torr durchgeführt wurde. Die Reduktionsprodukte enthielten im Schnitt noch 20 % Sauerstoff und etwa 7 bis 10 % Kohlenstoff.

Die vorreduzierten Oxide sind Me-O-C-Verbindungen. Das Plasmaschmelzen dieser Verbindungen stellt aus thermodynamischer Sicht nur eine Weiterführung der beim Vorreduzieren eingeleiteten Vorgänge dar. Die als Endprodukt zu erwartende Verbindung läßt sich aus thermodynamischen Daten bzw. metallurgischen Zustandsdiagrammen nach den bekannten Regeln der physikalischen Chemie bestimmen.

Wie aus den bei Gottwald (30) berechneten Zustandsdiagrammen log p = f (T) für Me-O-C-Verbindungen zu ersehen ist, kann als stabiles Endprodukt von Plasmaschmelzen von Vanadium, Niob, Wolfram und Titan bei p = 1 atm nur das entsprechende Monokarbid angesehen werden. Unter den im Abschmelzofen vorliegenden Bedingungen kann eine Metallphase nicht erhalten werden.

Der Plasmastrahlabschmelzofen wird mit Presslingen von ca. 200 mm Länge und einem quadratischen Querschnitt von 12 x 12 mm beschickt. Mit Hilfe einer metallischen Einspannvorrichtung wird der Probenpressling an der Absenkstange mittig in den Ofenraum hinabgesenkt, bis sein Ende in der Brennerhorizontalen liegt. Ein Pressling besteht im allgemeinen aus 35 % Oxidanteil, 40 % Einwaagekohlenstoff, 5 % Polyvinylalkohol, 15 % Restkarbid und 5 % Äthanolwassergemisch. Durch die Zumischung von Polyvinylalkohol härtet die Probe ohne Wärmezufuhr aus.

Der eigentliche Schmelzprozeß läßt sich im Idealfall in drei Vorgänge gliedern:

a) Sintern des Presslings,
b) Ausreagieren der Mischung,
c) Überhitzen und Abtropfen des gebildeten Karbides.

Ein Sintern der Proben im Ofen tritt ein, sobald der Preßstab in die Nähe der Plasmabrenner gebracht wird, ein Durchsintern geschieht jedoch erst als Folge von Stromdurchgang durch den Pressling bei Beginn des Schmelzversuches. Je nach Qualität und Einwaageverhältnis liegt die vom Pressling aufgenommene elektrische Leistung bei 0,4 bis 0,6 kW, bei einem elektrischen Widerstand von 0,6 bis 1 Ω im Rohzustand.

Das Ausreagieren der Probenmischung macht sich durch eine Verfärbung des Presslings bemerkbar. Sie ist zwar während des Versuches kaum feststellbar, kann aber an zerbrochenen Presslingen, bei denen der Schmelzvorgang unterbrochen wurde, beobachtet werden; die fettig glänzende, schuppige Oberfläche ist mattgrau angelaufen. Die Reaktionszone liegt etwa 10 mm oberhalb der Plasmaflammenebene bei einer mit einem Teilstrahlpyrometer gemessenen Temperatur von etwa 1900°C. Der Anteil der Reaktionsgase ist in der Abgasmischung mit den Plasmagasen gering. Bei einer mittleren Versuchsdauer von 10 min. gibt der Pressling im Mittel etwa 40 Nl CO ab, während insgesamt 200 Nl Ar oder Ar-N_2-Mischung durch den Ofen geströmt sind. Nach einer Versuchszeit von ca. 2 Min. setzt in der Flammenfront die Tropfenbildung aus geschmolzenem Reaktionsmaterial ein, während der Pressling weiter in die heißeste Zone hinabgesenkt wird. Bei weiterer Energiezufuhr lösen sich die gebildeten Tropfen ab und fallen in eine Kühlkokille, in der sie erstarren. Durch die große Benetzung des Presslings mit geschmolzenem Material ist eine weitgehende Überhitzung des Gutes notwendig, um eine gute Tropfenablösung zu erreichen.

5. Ergebnisse

Das Problem der Beurteilung von Karbiden und Nitriden der Übergangsmetalle wird im neueren Schrifttum (31,32) aufgegriffen. Es hat sich gezeigt, daß ein Vergleich von Eigenschaften und Meßdaten verschiedener Autoren solange unsicher und höchst fraglich ist, solange für die einzelnen Materialien keine "Characterisation" vorliegt. Da die angesprochenen Eigenschaften von einer Reihe von Faktoren, wie der chemischen Zusammensetzung, Dichte und Kristallstruktur abhängen, ist es nutzlos, sich bei Untersuchungen auf nur eine oder zwei Eigenschaften zu beschränken.

Eine vollständige "Characterisation" sollte nach Toth (33) zumindest folgende Messungen enthalten:

- Kristallstruktur und Gitterparameter (a-Wert)
- Chemische Analyse mit Metall-Nichtmetallverhältnis
- Gebundener und freier Kohlenstoffgehalt, Verunreinigungen (O_2), Fehlordnung und Leerstellenkonzentration
- Korngröße, Versetzungsstruktur, Porosität und Probenhomogenität

Nicht alle diese Faktoren sind für die Beurteilung einer Eigenschaft wichtig, jedoch sollten die kristallographischen und chemischen Ausgangsdaten immer festgestellt werden.

Die Versuchsergebnisse enthalten in Form graphischer Darstellungen die Angaben über Gitterparameter, Dichte, Härte und Stöchiometriefaktor (Me: C-Verhältnis) in Abhängigkeit von der molaren Zusammensetzung am quasibinären Schnitt.

Das Problem der Analyse der Merkmale der "Refractory Materials" besteht vor allem darin, daß bei den einzelnen Meß- und Analysenverfahren nur recht unsichere Aussagen zu erzielen sind. Will man eine genaue Deutung vornehmen, muß man schon mehrere voneinander unabhängige Messungen verschiedener Eigenschaften in Betracht ziehen. Eine Steigerung der Genauigkeit durch Erhöhung der Versuchsanzahl ist wegen der chemisch-analytischen Schwankungen, die trotz Beibehaltung aller Versuchsparameter jeder neu erschmolzenen Probe anhaften, schwierig.

Ziel aller Untersuchungen ist es, die Änderung bestimmter Eigenschaften an den plasmageschmolzenen Mischkristallkarbiden über einen Konzentrationsbereich des Legierungssystems zu verfolgen. Außerdem erscheint es angezeigt, gewisse Unterschiede der geschmolzenen Karbide gegenüber denjenigen Hartstoffen, die auf andere Weise hergestellt sind, nachzuweisen.

Zur Untersuchung der Karbide boten sich mehrere physikalische und chemische Methoden an. Es sind dies vor allem die Röntgenfeinstrukturanalyse, die Mikrohärtemessung, die Elektronenstrahlmikroanalyse, die Vakuum- und Trägergasheißextraktion und das Atomabsorptionsspektrophotometer, hinzu kommt noch die naßchemische und die metallographische Analyse. Alle genannten Verfahren sind im Grunde genommen standardmäßige Untersuchungen, die nur geringe Abwandlungen erfuhren, um sie auf die speziellen Erfordernisse der Untersuchungen von geschmolzenen Hartstoffen einzustellen. So mußte z. B. bei der Bestimmung der Härte auf das Knoop-Mikrohärteprüfverfahren zurückgegriffen werden. Bei einer

Prüfbelastung von 100 p und einer Belastungsdauer von 15 sec. erhielt man Meßlängen der Diamantpyramide von 25 bis 35 μm. Für die Auswertung der Härtemessung konnten nur 60 % aller gefundenen Werte verwendet werden. 30 % der verworfenen Daten waren durch Einrisse auf einer oder mehreren Seiten des Eindruckbildes wertlos, die übrigen 10 % konnten optisch nicht deutlich erkannt werden. Die relative Standardabweichung der Härtemessungen liegt im Durchschnitt bei 4 %. Für die Dichtemessung wurde die Pyknometermethode mit Wasser verwendet. Es traten bei der Messung die gleichen Schwierigkeiten, wie sie schon vorher (1) beschrieben wurden, auf. Es zeigte sich jedoch, daß Isopropylalkohol, zur Meßflüssigkeit zugesetzt, die flotierende Wirkung der am Probengut anhaftenden Luftblasen aufhob und die Reproduzierbarkeit von Analysenergebnissen gleicher Probenspezifikation verbesserte.

Die metallographische Untersuchung beschränkte sich zunächst auf jedes der eingestellten Konzentration der Legierungselemente zugehörige charakteristische Schliffbild.

In besonderen Fällen wurden die Proben auch in der Mikrosonde betrachtet und analysiert. Das Ätzen der Anschliffe erfolgte elektrolytisch in konzentriertem Ammoniak.

Die röntgenographische Analyse wurde zur Bestimmung des Gitterparameters eingesetzt. Bei der Bestimmung des Gitterparameters wurde das im Schrifttum (34) empfohlene, arithmetische Vergleichsverfahren an Linienlagen bekannter Substanzen zur Indizierung der Gitterebenen angewandt. Zur Vermeidung von Irrtümern wurde bei der Zuordnung der Ebenenindizes wie auch bei der numerischen Abarbeitung bis hin zur Fehlerbetrachtung eine elektronische Datenverarbeitungsanlage im interaktiven Dialogverkehr eingesetzt. Die chemische Gesamtanalyse bereitete zu Beginn große Schwierigkeiten. Sie war deshalb notwendig geworden, weil insbesondere beim Schmelzprozeß im Plasma große Materialverluste auftraten, die sich nicht gleichmäßig auf die einzelnen eingewogenen Komponenten verteilten. Die im Schrifttum für die Laboratoriumspraxis empfohlenen Analysenrezepte (35) versagten. Die Schmelzproben wurden einem basischen Aufschluß mit Na_2O_2 unterworfen und anschließend aus saurer Lösung im Atomabsorptionsspektrophotometer ausgemessen. Gleichzeitig wurden die gewonnenen Lösungen durch Fällungstitration und/oder jodometrisch analysiert. Die Ergebnisse der Fällungstitration jedoch lagen im Schnitt ca. 1,5 bis 2,5 % über den aus dem AAS gewonnenen Analysenwerten.

Die Gasgehalte der Schmelzproben wurden in der Vakuumheißextraktion bestimmt, wobei sich zur Heraufsetzung der Löslichkeit der Karbide ein tausendfacher Gewichtsüberschuß an Reinnickel anbot.

Die Ergebnisse einiger Schmelzversuche wichen von den gefundenen Tendenzen erheblich ab. Ursachen hierfür sind die in den Vorreduktionen ungenügend entfernten Sauerstoffgehalte der TiC- und NbC-Vorstoffe. Da bei höheren TiC- bzw. NbC-Molverhältnissen in den Mischkarbiden Kohlenstoffeinwaagen von 130 bis 140 % des stöchiometrisch notwendigen Gehaltes vorgenommen werden mußten, sollen diese Schmelzprodukte auf Grund ihrer uneinheitlichen Ausgangsmischung nicht bei den entsprechenden Mischkristallkarbiden der Systeme Ti- V- C und Nb- V- C aufgeführt werden, zumal sie nicht mehr in der Form eindeutiger Schmelztropfen anfielen. Diese Stoffe werden im System TiO-TiC bzw. NbO-NbC betrachtet.

Die folgenden Tabellen enthalten die gemessenen Daten der Schmelzversuche.

Die Angabe der elektrischen Leistung dient nur zum groben Energievergleich; hierzu wurden nur auf dem Drehstrombogen Meßwerte aufgenommen, um keine Verfälschung durch eventuelle Stillstandszeiten zu erhalten, bei denen die Startbögen zur Erhaltung der Ofenatmosphäre weiterbrennen müssen. Die Daten wurden auf ein Kilogramm gewonnener Substanz bezogen. Zusätzlich werden die Meßwerte durch die Gasart und die pilot-arc Stromstärke stark beeinflußt.

<u>Zu Tab. 1:</u> Mischkristallkarbide im System TiC-WC

Werkstoffe auf Titankarbidgrundlage zeichnen sich aus durch Oxydationsbeständigkeit, hohe Warmfestigkeit und geringe Kriechneigung. TiC verträgt sich gut mit den Bindemetallen Ni, Co, Fe und mit chromhaltigen Legierungen. Hartmetalle auf Titankarbidbasis finden ihren bevorzugten Anwendungsbereich bei Schneidgeräten, Umformmaschinen und Pressen (40). Das Hauptanliegen hinsichtlich der TiC-Mischkarbide besteht darin, ihre ungünstigen Eigenschaften, wie schlechtes Bruchverhalten, geringe Zug- und Zeitstandfestigkeit, ungenügende Schlagfestigkeit und Zunderverhalten zu verbessern. Dazu bieten sich NbC, TaC, VC und vor allem WC an.

In der Technik wird beim TiC-WC-Mischkarbid mehr vom WC ausgegangen, dem TiC soweit zugesetzt ist, daß das Phasengebiet des homogenen Mischkristalls erreicht wird. Die genaue Ermittlung des quasibinären Schnittes wurde von vielen Forschern, so von Metcalfe (41), Hinüber und Kinna (42), sowie Krainer und Robitsch (21) angestrebt. Es ist festgestellt worden, daß die Gleichgewichtseinstellung an der WC-reichen Seite so langsam war, daß man bei genügend hoher Ausgangstemperatur (z. B. der Schmelztemperatur) einen reinen σ-(TiC-) Mischkristall erhält. Bei der Erstellung des ternären Schaubildes (siehe Abb. 7 und 8) wurden die Untersuchungen von Nowotny u.a. (43) herangezogen. Die Härtezunahme von TiC-WC mit zunehmendem TiC-Gehalt ist nicht sehr groß, was auch aus eigenen Messungen hervorgeht (siehe Abb. 9). Der entscheidende Vorteil eines TiC-haltigen Wolfram-Karbides ist die verschleißhemmende Wirkung der hohen Zunderbeständigkeit (44). Der TiC-WC-Mischkristall bleibt bei 600°C noch unverändert, während reines WC bei diesen Temperaturen schon merklich oxydiert.

Die Versuchsergebnisse, dargestellt als Funktion von Mol-% TiC im Mischkarbid, zeigen eine deutliche Mischkristallbildung. Zur besseren Charakterisierung ist als Parameter das Kohlenstoffausbringen f = f (Mol-% TiC) eingeführt, da auch die Stöchiometrieverhältnisse Metall-Nichtmetall entscheidend die Stoffwerte, insbesondere die Härte, beeinflussen. Die besten Materialeigenschaften sind bei 100 % stöchiometrischem C-Gehalt im Endprodukt zu erzielen, der sich jedoch beim Plasmaschmelzen nur schwerlich realisieren läßt.

Die gemessenen Daten für Dichte, a-Wert (siehe Abb. 10) und Härte sind mit den im Schrifttum (21,32,41,42,43) aufgeführten vergleichbar. Es zeigt sich, daß mit Ausnahme der Härtewerte, die Daten auf eine bessere Stoffqualität hinweisen (kleiner Gitterparameter, höhere Dichte).

Tab. 1: Ergebnisse der Schmelzversuche im System TiC-WC

Molverh. TiC	Elektr. Leistung	Analyse Ti	W	C	Knoop-Härte	Dichte	a-Wert
Mol %	kWh/kg	Gew.-%			kp/mm^2	g/cm^3	Å
0	4,0	86,0		4,5	3000	16,9	4,226
11,6	9,0	84,2	2,9	4,7	2950	15,9	4,231
12,8	13,7	80,4	3,1	4,8	3076	15,9	4,230
19,8	18,4	93,6	6,0	5,0	3090	14,2	4,252
29,1	25,2	74,6	8,0	4,2	3106	13,6	4,257
37,6	27,3	73,0	11,5	4,3	3294	13,4	4,260
49,4	29,5	68,6	17,5	5,7	3404	12,6	4,271
51,8	30,0	67,6	19,0	4,7	2815	11,9	4,275

Tab. 2: Ergebnisse der Schmelzversuche im System TiC-VC

Molverh. TiC	Elektr. Leistung	Analyse V	Ti	C	Knoop-Härte	Dichte	a-Wert
Mol %	kWh/kg	Gew.-%			kp/mm^2	g/cm^3	Å
86,3	86,0	11,2	66,4	18,6	3110	4,82	4,320
74,3	40,5	22,4	61,2	18,5	2940	4,69	4,311
67,8	26,8	28,0	55,7	12,2	3000	4,78	4,283
54,1	20,0	42,0	46,6	18,7	2950	4,87	4,251
48,6	14,8	48,0	43,0	19,7	2980	5,08	4,241
40,3	10,5	54,0	34,4	16,3	3160	5,21	4,221
34,3	7,7	60,0	29,5	17,6	3070	5,20	4,201
22,2	5,2	68,4	18,4	17,7	2990	5,25	4,213
21,9	5,1	69,6	18,4	20,1	2980	5,27	4,192
13,8	4,0	72,4	11,0	21,2	2820	5,40	4,171
100,0			79,0	21,0	2850		4,324

Tab. 3: Ergebnisse der Schmelzversuche im System NbC-VC

Molverh. NbC	Elektr. Leistung	Analyse Nb	V	C	Gasgehalte O	N	Knoop-Härte	Dichte	a-Wert
Mol-%	kWh/kg	Gew.-%			ppm		kg/mm^2	g/cm^3	Å
12,4	24,3	13,1	50,4	13,6	1170	3770	2823	5,67	4,186
13,0	27,5	17,3	60,4	17,8	0	1600	2920	5,70	4,203
14,3	31,6	15,4	50,4	13,8	450	4300	2456	5,78	4,191
29,6	58,1	35,4	46,0	12,4	2000	4470	2000	6,31	4,252
29,9	57,9	35,9	46,0	14,2	440	2500	2558	6,18	4,221
38,7	81,3	50,5	43,8	8,3	2200	7880	2049	6,18	4,228

Tab. 4: Ergebnisse der Schmelzversuche im System TiO-TiC (Nb-O-C-VC)

Molverh. TiC	Analyse Ti(Nb)	C	Knoop-Härte	a-Wert
Mol-%	Gew.-%		kp/mm^2	Å
13,5	19,5	2,3	-	4,20
31,6	11,5	4,0	-	4,231
				4,187
41,2	9,5	5,0	-	4,269
				4,202
13,4	18,4	2,15	-	4,250
21,2	21,5	4,32	-	4,623
				4,202
50,7	13,6	10,5	-	4,271
				4,247
90,3	2,5	17,5	2730	4,311
95,5	1,3	21,0	2850	4,344
NbC				
59,2	1,3	12,6	-	4,293
75,0	4,6	7,2	-	4,301

Bei der Beurteilung der Schliffbilder (Abb. 11) wird deutlich, daß alle plasmageschmolzenen Ti-W-C-Legierungen vom kubischen WC abstammen. Während noch beim reinen WC eine Zersetzung der kubischen Karbidphase mit vermutlich wenig Grafitausscheidung zu beobachten ist, liegt bei TiC-haltigen Proben kein Hinweis auf Gefügerückbildung mehr vor. Mit wachsendem TiC-Gehalt nimmt die Korngröße zu, die Homogenität des Zonenmischkristalls ab und die Verunreinigungen aus Ti-O-C-Phase auf den Korngrenzen werden sichtbar größer. Der Mischkristall vermag Oxidanteile nicht aufzunehmen; daher scheint nicht ausreagiertes Material auf die Korngrenzen zurückgeschoben zu werden. TiC-reiche Schmelzen müssen auf Grund des hohen durch die Einwaagemischung verursachten Sauerstoffgehaltes überhitzt werden, wodurch die bei Abb. 11b deutliche vielfältige dendritische Ausbildung ausbleibt. Die überhitzte Schmelze zeigt Erstarrungshemmung und es wird deutlich, daß hier die Verunreinigungen an der Erstarrungsausbildung beteiligt sind.

Eine Vergrößerung des Kornes mit wachsendem Ti-Gehalt im Mischkristall ist feststellbar. Da das Ätzmittel vorzugsweise die Konzentrationsunterschiede im Kristalliten hervorheben soll, kann eine reine Korngrenzenätzung nicht vorgenommen werden. An den Schliffbildern der WC-TiC-Mischkarbide läßt sich wohl ableiten, daß eine eindeutige dendritische Erstarrung vorliegt, wobei Dendritenäste als helle Gebiete erkennbar sind, die von Zonen zunehmender Schwärzung umgeben sind. Ob dagegen die dunklen Gebiete auf den Schliffbildern noch zum Kristall gehören oder Ausscheidung sind, läßt sich aus der Betrachtung der Schliffe nicht sagen. Daher wurden Mikrosondenaufnahmen von den Mischkarbiden angefertigt, die in den Abb. 12 bis 16 wiedergegeben sind.

Eine orientierende Aufnahme über weite Gebiete des Schliffes einer WC-TiC-Legierung mit 11,6 Mol-% TiC, Abb. 12, zeigt auf den beiden Elektronenrückstrahlaufnahmen eine ähnliche Ausbildung, wie sie auch bei den Schliffen (Abb. 11) beobachtet worden war. Der ungeätzte Anschliff (in der Abbildung oben links) zeigt kaum sichtbar die dendritische Ausbildung, stattdessen die bei Karbiden häufig beobachteten nadelförmigen C-Ausscheidungen, die in den Elektronenbildern nur mühsam zu lokalisieren sind.

Der Ausschnitt aus dem Protokollstreifen des Doppel-Slow-Scans für Ti und W zeigt, daß, unter Berücksichtigung der stark unterschiedlichen Empfindlichkeit der Sonde für die vorliegenden Elemente, der annähernd spiegelsymmetrische Verlauf der Konzentrationsverteilungen auf Mischkristallbildung schließen läßt. Von Proben mit 29 (Abb. 13 und 14) und 49,4 mol% TiC (Abb. 15 und 16) dieser WC-TiC-Mischkarbide wurden Mikrosondenaufnahmen mit je zwei Vergrößerungen gemacht. Bei 250-facher Vergrößerung einer Probe mit 29 mol% TiC (Abb. 13) ergaben sich ähnliche Scans für Ti und W wie bei der Probe mit 11,6 mol% TiC. Die Rasterbilder wiesen jedoch zusätzlich aus, daß die im Elektronenbild hell erscheinenden Phasen vergleichsweise weniger Ti und mehr W enthalten als die dunkleren Gebiete. Die 1100-fache Vergrößerung des gleichen Schliffes (Abb. 14) zeigt an, daß die geschnittenen Dendriten Kernzonen darstellen, die von Gebieten abnehmenden Ti-Gehaltes umgeben sind. Eine durchaus mögliche Seigerungserscheinung wird durch die Slow-Scans deutlich.

Die sehr Ti-reichen Proben mit 49,4 mol-% TiC zeigen wegen des größeren Kernes in beiden Vergrößerungen (Abb. 15 und 16) einen homogenen Verlauf der Slow-Scans. Der Dendritenrand wird von einem stark W-haltigen Gebiet abgegrenzt, auf dem Ausbruchstellen von nicht aufgeschmolzener bzw. nicht ausreagierter Substanz zu finden sind.

Bei 1100-facher Vergrößerung kann man beim Schnitt durch einen Dendriten (Abb. 16) die starke Seigerung am Ti- und W-Slow-Scan bei gleicher Empfindlichkeit der Sonde (10000 Imp/s) erkennen.

Die Mikrosondenaufnahmen weisen deutlich die alleinige Existenz der σ-Mischkristallphase aus. Man kann aus den Ergebnissen schließen, daß sich bei der Reaktion von Ti-O- und W-O-Verbindungen zu den Karbiden eine homogene Schmelze bildet, die beim Erstarren einen Mischkristall mit starker Konzentrationsverschiebung entstehen läßt. Ein anderer Reaktionsmechanismus, der im Schrifttum (45) erwähnt wird, und bei dem eine Ti-O-C-Phase um gebildetes WC angelagert ist und dort zum Mischkristall anreagiert, ist mit Sicherheit ausgeschlossen.

Die Reduktion im Plasmastrahlofen verläuft jedoch niemals so vollständig, daß der gesamte Sauerstoff verbraucht werden kann, so daß immer ein Restanteil von an Ti-gebundenem Sauerstoff in der erstarrten Probe zurückbleibt.

Die Mikrosondenaufnahmen zeigen im Gegensatz zu den Analysen von Hara (45) nur eine Phase (TiC-WC-Mischkristall) an.

Die Beobachtung, daß sich das TiC erst auf einer WC-Partikel bildet, kann nicht sicher bestätigt werden. Als richtig kann jedoch angenommen werden, daß der Mischkristallbildungsprozeß fast genau so schnell wie die Karburierungsreaktion verläuft, so daß die ausreagierten TiC- und WC-Teilchen vom Mischkristall aufgenommen werden.

<u>Zu Tab. 2:</u> Mischkristallkarbide im System TiC-VC

Die Ergebnisse der Schmelzversuche der Mischkristallkarbidreihe TiC-VC sind in Abhängigkeit von den gemessenen Analysendaten dargestellt (Abb. 17-24). Das ternäre System Ti-V-C und der quasibinäre Schnitt TiC-VC sind qualitativ aus dem Randsystem nach Literaturangaben erstellt worden (Abb. 17 und 18). In Abb. 19 ist der Verlauf der Härte in Abhängigkeit von der TiC-Konzentration gezeigt. Die Härtewerte liegen vom VC beginnend im Bereich von ca. 2300 bis 3200 kp/mm^2 mit einem Maximum bei 40 Mol-% TiC. Der Verlauf der Kurve zur TiC-reichen Seite des Diagramms hin ist nicht ganz sicher, da der Härtewert des TiC zu ca. 2900 kg/mm^2 gemessen wurde, wohingegen ca. 3000 kp/mm^2 in der Literatur (31) gefunden wurden. Immerhin ist ein deutliches Maximum zu erkennen, welches die Vermutung bestätigt, daß auch in der Konzentrationsreihe vom VC zum TiC überwiegend Mischkristalle vorkommen.

Es hat sich gezeigt, daß das dritte Legierungselement (Kohlenstoff) trotz zielgenauen Legierungseinsatzes nicht stöchiometrisch im Mischkarbid vorliegt. Die Abweichung vom idealen stöchiometrischen Gehalt der Ti-V-C-Verbindung ist als Faktor f in Abb. 19 ebenfalls dargestellt. Die Tendenz läßt vermuten, daß mit steigendem Ti-Gehalt im Mischkristall die Lösungsgeschwindigkeit desselben für Kohlenstoff abnimmt.

Der Einfluß des nicht-stöchiometrisch vorliegenden C-Gehaltes bestätigt sich auch in den anderen Meßergebnissen (Dichte und Gitterparameter), die in Abb. 20 dargestellt sind. Bei den meisten

Messungen erfahren die Kurven eine schwache Verzerrung zu einer Parabel dritten Grades mit einem Wendepunkt bei ca. 50 Mol-% TiC. Auch die Tendenzen von Gitterparameter und Dichte weisen auf Mischkristallbildung hin (Abb. 20), denn es kann ein angenähert linearer Verlauf festgestellt werden. Kleine Verzerrungen der Kurve des Gitterparameters kommen im allgemeinen durch Gitterstörungen im Kristall zustande; diese Gitterstörungen können durch die Natur des Mischkristalls gegeben sein oder in der Einlagerung von O- oder N-Atomen bestehen, für die der Kristall eine beinahe ebenso große Löslichkeit besitzt wie für C-Atome, die jedoch einen gering abweichenden Atomradius haben. Während Kohlenstoffmangel bei den Monokarbiden zu einer Gitterkontraktion führte (31), z. B. VC (1), scheint dieser Effekt bei den binären Karbiden aus den Messungen nicht deutlich hervorzugehen. Die Abweichungen der Kurve zeigt eine gewisse Gesetzmäßigkeit auf, nämlich eine geringe Gitterdilation auf der TiC-reichen Seite und eine Gitterkontraktion auf der TiC-armen Seite des quasibinären Schnittes TiC-VC.

Die Absolutwerte der Gitterparameter weisen im Vergleich zu Daten aus dem Schrifttum (46,47,48) geringe Abweichungen auf. Da solche Abweichungen oft beobachtet wurden (14,31), Erklärungen hierüber aber nicht zufriedenstellen, soll auf eine weitere Erläuterung verzichtet werden.

Die Dichtemessungen liefern Werte, die über den betrachteten Konzentrationsbereich nur eine geringe Abweichung von der erwarteten Geraden zeigen. Auch hier liegt die Vermutung nahe, daß diese Abweichung von den gleichen Parametern abhängt, wie diejenigen, die beim Gitterabstand beobachtet wurden. Es wird angenommen, daß diese Verzerrungen ihre Ursache im Erstarrungsvorgang der Schmelzprobe finden. Am ternären Zustandsdiagramm (Abb. 17) und an der qualitativen Darstellung des quasibinären Schnittes (Abb. 18) TiC-VC (47 At-% C) soll dies verdeutlicht werden. Aus den Darstellungen ist zu entnehmen, daß das Schmelzintervall S-δ vom TiC aus in Richtung VC und vom VC aus in Richtung Eutektikum (VC-C) abfällt. Fernerhin muß angenommen werden, daß einzelne Schmelztropfen zumindest zum überwiegenden Teil bei Temperaturen oberhalb der Liquiduslinie entstanden sind, so daß sie das Schmelzintervall durchlaufen haben müssen. Fällt dabei die Temperatur der Schmelze unter die Liquiduslinie, bildet sich ein Mischkristall, der naturgemäß, abhängig von seiner Lage auf dem Schnitt TiC-VC, in seiner Konzentration von derjenigen der Schmelze erheblich abweichen kann. Mit Sicherheit kann angenommen werden, daß auf der TiC-reichen Seite der Mischkristall aus Zonen abnehmenden TiC-Gehaltes besteht, ein Effekt, der noch durch die große Abkühlungsgeschwindigkeit des bereits erstarrten Kristalls gefördert wird.

So kommt es, wie auch die Schliffbilder zeigen (Abb. 21), zu starken Korngrenzenausscheidungen im gesamten Konzentrationsbereich, die um so auffälliger werden, je näher man sich zum Randsystem der einen oder der anderen Phase hinbewegt. Es läßt sich feststellen, daß hohe Dichte und kleiner Gitterparameter auf einen VC-reichen Mischkristall schließen lassen. Die Schliffbilder ähneln stark denjenigen von T.F. Fedorov (39) und Eremenko (46) im System Ti-V-C bei 1000°C bzw. 1450°C. Die charakteristischen Schliffe der im Plasma geschmolzenen Proben entsprechen hierbei den nicht abgeschreckten (as-cast) Legierungen vorgenannter Autoren.

Da ein gesteuerter Erstarrungsvorgang nicht gegeben ist, führt ein Vergleich der Schliffbilder untereinander leicht zu Fehlschlüssen. Es können deshalb über die Anschliffe nur qualitative Aussagen bezüglich der Ausbildungsform und der sichtbaren Phasenausscheidung gemacht werden. Die Erstarrung der TiC-VC-Mischkristallkarbide ist dendritisch. Durch Vergleiche mit Schliffbildern von A. Tret'yachenko (47) im System Ti-VC und Cadoff (48) im System TiC kann festgestellt werden, daß in allen Schliffen die σ-Phase (Ti,V)-C überwiegt, wobei der σ-Mischkristall starken Seigerungen unterworfen ist. Während auf der TiC-reichen Seite große Kristalle mit ca. 50 μm Ø entstehen, haben sich diese Körner auf der TiC-armen Seite durch Subkornbildung zerlegt. Auf Abb. 21 sind zwei unterschiedlich erstarrte Kristallagglomerationen zu sehen.

Aus Abb. 21b (ein Mischkarbid aus 40 Mol-% TiC) werden Veränderungen im Korn bei der Erstarrung ersichtlich. Man findet einige große Körner mit fast reiner δ-Phase, wobei kaum Zonen unterschiedlicher Konzentration festzustellen sind, während hingegen viele kleine Körner vermutlich Ti-reichere Anteile aufgenommen haben. Es kommt insgesamt zu einer Aufspaltung in große Körner mit VC-reichem σ-Kristall (Ti,V)-C und Einlagerungen von Erstarrtem mit mehr Ti in der β-Phase (Ti,VC) (an der dunkleren Grautönung zu erkennen).

Hier wird die oben als Abweichung von der Ideallinie von Gitterparameter und Dichte erwähnte Erscheinung deutlich: das vorherrschende Kristallgefüge ist Ti-ärmer als es die chemische Analyse ausweist. Bei einem Mischkarbid aus ca. 87 Mol-% VC ist die β-Phase kaum noch festzustellen, dennoch sind wenige große Körner (ca. 50 μm) und viele kleine als Zonenmischkristalle erhalten. Auf den Korngrenzen hat sich hier vorwiegend Kohlenstoff abgelagert.

In summarischer Betrachtungsweise läßt sich zwischen der metallographischen und röntgenographischen Analyse eine gewisse Übereinstimmung feststellen: hohe TiC-Gehalte führen zu einem δ-Mischkristall mit Zonen abnehmenden Ti-Gehaltes, Kohlenstoffmangel führt an den Kornrändern zu β-Phasenausbildung. Niedrige TiC-Gehalte verhalten sich nicht gemäß dem Erstarrungsverlauf, der aus dem quasibinären Schnitt vorgegeben ist. Der primär erstarrte Kristall besteht vorwiegend aus VC und vermag noch TiC aufzulösen, so daß nur wenig β-Phase gebildet wird.

An den Schliffen wird bei höheren Ti-Gehalten eine Konzentrationsätzung sichtbar. Die weitere Untersuchung muß daher auf die Mikrosondenaufnahmen zurückgreifen, um auch im System VC-TiC den Beweis zu erbringen, daß Mischkristalle erschmolzen wurden. Die auf Abb. 22 dargestellte Mikrosondenaufnahme eines VC-TiC-Mischkarbides soll bei geringer Vergrößerung nur den charakteristischen Verlauf der Konzentrationslinien von V und Ti deutlich machen; bedeutsame Einzelheiten sind jedoch weder auf den Elektronen- noch auf den Rasteraufnahmen zu erkennen. Bei einem VC-TiC-Mischkarbid mit 22 mol-% TiC ist der charakteristische Konzentrationsaustausch des Mischkristalls sowohl bei 250-facher (Abb. 23) wie auch bei 1100-facher Vergrößerung zu beobachten: die im Elektronenstrahlbild als helle Gebiete ausgewiesenen Zonen enthalten mehr V. Schließlich weist der Schliff mit 13 mol-% TiC (Abb. 24) ebenfalls den im Doppel-Slow-Scan gut sichtbaren spiegelbildlichen Konzentrationsverlauf aus.

Die leichten Abweichungen des Gitterparameters und der Dichte können daher ihre Ursache in der bei den geschmolzenen Karbiden vorliegenden Konzentrationsverschiebung haben.

Zu Tab. 3: Mischkristallkarbide im System NbV-VC

Die Schrifttumshinweise, die die Mischkristallbildung zwischen den Karbidphasen von Nb und V betreffen, sind sehr spärlich. Die Verwendung von Niobkarbid ist wegen des hohen Preises und der schwierigen Herstellung (es bilden sich bei der Reduktion aus Nb_2O_5 die intermediären Oxide Nb_2O und Nb_4O (40)) nur sehr beschränkt möglich. Zum Einsatz in langspanenden Hartmetallschneiden gelangen mit anderen Zusätzen auch NbC-Hartstoffe in WC Basislegierungen, vor allem als Ersatz für das sehr viel weichere TaC. NbC vermag den üblichen Hartstoffen eine noch größere Qualitätssteigerung zu verleihen als das TiC. Man kann vermuten, daß Hartmetalle auf WC-Co-Basis Zähigkeits- und Warmfestigkeitssteigerung durch Zusätze von NbC erhalten werden, wie dies schon beim homologen TaC nachgewiesen wurde (15).

Die Herstellung von NbC-haltigen Mischkarbiden ist Jangg und Kieffer (12) mit der Hilfsmetallbadtechnik gelungen. Auch hier zeigt sich, daß die Vegard'sche Regel der Mischkristallreihe eingehalten wird. Die Streuung der Härtewerte ist größer als die der plasmageschmolzenen Karbide. Die gemessenen Absolutwerte liegen in vergleichbaren Relationen zu den eigenen Werten. Die Ergebnisse der Schmelzversuche von NbC-VC-Mischkristallkarbiden sind in den Abb. 26 bis 29 dargestellt. Ternäres System und quasibinärer Schnitt sind nach Literaturangaben qualitativ dargestellt (Abb. 26 und 27). Es zeigen sich bei Dichte (Abb. 26) und Gitterparameter (Abb. 27) keine deutlichen Abweichungen von dem regulären Verhalten. Die Härtesteigerung (Abb. 26) von diesen Mischkarbiden durch Zusatz von NbC ist sehr groß. Das Auftreten der im Schrifttum erwähnten Mischungslücke (12) und (15) ist auf Grund des Abschreckvorganges der geschmolzenen Proben nicht beobachtet worden.

Die Mikrosondenuntersuchungen (Abb. 28) zeigen eine normale Zonenmischkristallbildung, wie sie auch bei VC bzw. WC-TiC auftreten. Die Reinheit des Mischkristalls der NbC-VC-Mischkarbide ist, wie aus den Schliffbildern (Abb. 29) ersichtlich, sehr gering. Hier wurde ungeschmolzene Nb-O-Phase teilweise auf den Korngrenzen abgelagert, bei hohen NbC-Gehalten sogar als zweite Phase. Auch die bei den übrigen Mischkarbiden beobachteten Kornvergrößerungen bei Zunahme der höher schmelzenden Komponente ist zu beobachten.

Zu Tab. 4: Mischkristalle im System TiO-TiC (Nb-V-O-C)

Bei der Karburierung und Reduktion von TiO_2 mit C zu TiC treten intermediär die Oxide Ti_2O_3 und TiO auf. Da TiO und TiC dem gleichen Gittertyp, nämlich K5, angehören und nur gering voneinander abweichende a-Werte aufweisen (TiC: 4,33 Å; TiO: 4,24 Å), liegt die Vermutung auf ungestörte Wechselwirkung zwischen den beiden Stoffen nahe (36). Lösungsversuche von Sauerstoff im TiC-Gitter haben bei J. Cadoff (37) zu dem Ergebnis geführt, daß der Kohlenstoff in großem Umfang durch Sauerstoff ersetzt werden kann. Da im ungestörten TiC-Gitter die Kohlenstoffatome auf den Zwischengitterplätzen angeordnet sind, wie dies bei den übrigen Karbiden und Nitriden (und sicher auch bei einigen Monoxiden) der Übergangsmetalle auch der Fall ist, kann mit Sicherheit angenommen werden, daß diese drei Verbindungen in den meisten Fällen miteinander mischbar sind (38). Die Bildung von TiC aus TiO und Kohlenstoff im festen Zustand ist somit eine Frage der Diffusion von Kohlenstoff im Gitter (39).

Die einer Schmelzreihe zugeordneten Proben wurden doppelt geschmolzen, um wenigstens eine zutreffende Aussage über die Gitterdaten zu erhalten.

Hochtitankarbid- und -niobkarbidhaltige Stoffe waren nicht reproduzierbar darzustellen, weshalb diese in den graphischen Darstellungen nicht aufgeführt sind. Die in die Liste aufgenommenen Ergebnisse wurden durch Variationen der Kohlenstoffeinwaage erzielt. Bei 100 % stöchiometrischer Kohlenstoffeinwaage zum TiC-Vorprodukt war ein Mischkristall mit 41,2 Mol-% TiC zu gewinnen; bei 150 %iger C-Zugabe bezogen auf TiC konnte ein Produkt mit 97,5 Mol-% erschmolzen werden. Die entscheidende Erkenntnis aus diesen Vorversuchen ist die, daß für die Zusammensetzung des Endproduktes im Plasmastrahlschmelzofen neben dem Vorreduktionsgrad des Vorproduktes und der Zusammensetzung der Reaktionsmischung auch der Verlauf von Solidus- und Liquiduslinie des angesprochenen Systems entscheidend sind. Die Richtigkeit dieser Aussage beweisen die beiden in der Liste aufgeführten NbC-VC-Schmelzen, die trotz 130 % stöchiometrischer C-Einwaage einen so hohen Restsauerstoffgehalt haben, daß sie mit den übrigen Karbiden nicht vergleichbar sind. Das Endprodukt dieser Versuche kommt bei der Reduktion über eine Nb-O-VC-Zwischenverbindung nicht hinaus, da angenommen werden kann, daß die Reaktionszeit zur Bildung von NbC vom Aufschmelzen und Absprühen der Zwischenverbindung im Plasmastrahl unterbrochen wird.

6. Zusammenfassung

Im Rahmen der vorliegenden Arbeit wurden Mischkarbide in den Systemen VC-NbC, VC-TiC, VC-TaC, WC-TiC in einem Dreiphasenplasmastrahlofen erschmolzen. Die chemische Zusammensetzung, der Gitteraufbau, die Dichte, die Mikrohärte und das Erstarrungsgefüge der gewonnenen Karbide wurden zur Beurteilung ihrer Qualität ermittelt.

Es konnte nachgewiesen werden, daß die Karbide zu Zonenmischkristallen mit großen Konzentrationsunterschieden erstarren. Die Gültigkeit der Vegard'schen Regel wurde bestätigt. Mischungslücken in den Systemen VC-NbC und VC-TaC wurden nicht gefunden, dagegen ein kubisches Gitter im System TiC-WC. Der Nachweis eines Zweiphasengebietes auf der WC-reichen Seite dieses Systems konnte nicht erbracht werden.

Die über einen längeren Zeitraum gemachten Erfahrungen mit dem Plasmastrahlofen haben gezeigt, daß mit dieser selbst entwickelten Apparatur alle üblichen Karbidzusammensetzungen dargestellt werden können. Somit muß das Plasmaabschmelzverfahren als eine weitere Möglichkeit zur Herstellung von Hartstoffen angesehen werden.

Die Qualität der Produkte ist den Sinterhartstoffen im Hinblick auf Härte und Dichte geringfügig überlegen; die Güte von Hartstoffen aus Hilfsmetallschmelzen kann nicht erreicht werden;

insbesondere die sehr genaue Kohlenstoffstöchiometrie und die sehr geringen Verluste an wertvollen Metallanteilen der Karbide sind nicht zu erreichen.

7. Literaturverzeichnis

(1) Hanusch, K., Das Erschmelzen von Vanadinkarbid im Plasmastrahlofen, Dissertation 1969, RWTH Aachen.

(2) Maecker, H., Elektronendichte und Temperatur in der Säule eines Hochstromkohlebogens. Z. Phys., 136 (1953), S. 119.

(3) Ohlsen, H.N., Thermal and Electrical Properties of an Argon Plasma, Phys. of Fluids 2 (1959), S. 614.

(4) Unsöld, A., Physik der Sternatmosphären, Springer-Verlag, Berlin 1955.

(5) Brückner, R., Spektroskopische Temperaturmessung oberhalb 3500°C und Bestimmung der Temperaturverteilung eines Plasmabrenners bei Atmosphärendruck, Ber. Dtsch. Keram. Ges. 40 (1963), H. 11, S. 603.

(6) Börgerhausen, W.U. und H. Krempl, Über die Berechnung von Plasmazusammensetzungen und deren Anwendung zur Temperaturbestimmung, Z. angew. Phys. 22 (1967), H. 2, S. 165.

(7) Uhlenbusch, J., Vorlesung über Plasmaphysik, Mitschrift, I. Physikalisches Institut, RWTH Aachen.

(8) Tyler, P.M., Plasma for Extractive Metallurgy, J. of Metals, Januar (1961), S. 53.

(9) Kusch, H.J., Chemische Reaktionen mit festen Ausgangsstoffen im Lichtbogen, Chemie-Ingenieur-Technik (1963), Nr. 6, S. 448.

(10) Harris, V., Arc Decomposition of Rhodonite, J. of Electrochemical Society 106 (1959), Oct., S. 874.

(11) Gibson, J.D., Chemical Syntheses via the High Internsity, Arc Process Chem. Engineering Progress, 59 (1963), Nr. 9, S. 53.

(12) G. Jangg, R. Kieffer und L. Usener, Gewinnung von Mischkarbiden aus dem Hilfsmetallbad, J. of the Less-Common Metals 14 (1968), S. 269.

(13) Böhm, H., Einführung in die Metallkunde, Hochschultaschenbücher-Verlag, Mannheim (1968).

(14) Rudy, E.St. Windisch und C.E. Brukl, Planseeberichte f. Pulvermetallurgie Bd. 16 (1968), H. 1, S. 3 - 33.

(15) R. Kieffer, Trabesinger, G. und N. Reiter, Über NbC- und HfC-haltige Hartstoffe und Hartmetalle, Planseeber. f. Pulvermetallurgie, Bd. 17, (1969), Nr. 1, S. 25.

(16) Vegard, L., Z. Physik, 5,17 (1921) aus: Darken-Gurry (59), Physical Chemistry of Metals.

(17) Harrington, R.H., The modern Metallurgy of Alloys, John Wiley & Sons, New York, N.Y. (1948).

(18) Borchers, H., Metallkunde I, Walter de Gruyter & Co., Berlin 1963.

(19) Goldschmidt, H.J., Interstitial Alloys, Butterworth & Co. Ltd., London (1967).

(20) Rudy, E. und J.R. Hoffmann, Phasengleichgewicht im Bereich der kubischen Karbidphase im System W-C, Planseebericht, Bd. 15 (1967), Nr. 3, S. 174.

(21) Krainer, E. und J. Robitsch, Röntgenographischer Nachweis des kubischen Wolframkarbides in funkenerosiv bearbeiteten Hartmetallen und in reinen Wolframschmelzkarbiden, Planseebericht, Bd. 15 (1967), Nr. 1, S. 179.

(22) Krainer, E. und J. Robitsch, Zur Frage des kubischen Wolframkarbides, Planseeber. Bd. 15 (1967), Nr. 3, S. 179.

(23) Meyer, H., Über das Schmelzen von Pulvern im Plasmastrahl, Vortrag: Keramische Werkstoffe bei hohen Temperaturen und Drücken, Diskussionstagung, 13.9.1963, Wiesbaden.

(24) siehe Nr. (5).

(25) P. Schwarzkopf und R. Kieffer, Refractory Hard Metals, The Macmillan Company, New York, N.Y. (1953), S. 79.

(26) Moissan, H., The Electrical Furnace, Chem. Publ. Co. (1904), übersetzt von V. Leuher.

(27) Hönigschmid, O., Karbide und Silizide, W. Knapp-Verlag, Halle (1914).

(28) Benz, R.C., Hoffmann, G. und G.N. Rupert, UC-U_2C-Phase Boundaries, High Temperature Science 1 (1969), S. 342.

(29) Weiss, R., Untersuchung des Plasmastrahls, der aus einem Hochleistungsbogen austritt, Zeitschrift f. Physik, 138 (1954), S. 170.

(30) Gottwald, H.-J. und H. Winterhager, Karbothermische Reduktion von hochschmelzenden Metallen im Vakuum, Forschungsbericht NRW B1 - 3979.

(31) Louis E. Toth, Transition Metal Carbides and Nitrides, Refractory Materials Vol. 7, Academic Press, N.Y. and London (1971).
(32) siehe Nr. 19.
(33) siehe Nr. 31.
(34) Sagel, K., Tabellen zur Röntgenfeinstrukturanalyse, Springer-Verlag (1958), Berlin.
(35) Verein Deutscher Eisenhüttenleute, Handbuch f. d. Eisenhütten-Laboratorium, Bd. 2 - Untersuchung der metallischen Stoffe, Verlag Stahleisen (1941).
(36) Samsonow, G.V., Zur Frage der Reduktion von Titanoxid mittels Kohlenstoff über Zwischenstadien niederer Oxide, Shur. prikl. chim. 28 (1955), S. 1018.
(37) Cadoff, J., Nielsen, J.P. und E. Miller, Properties of arc-melted ... titanium carbide, in: Warmfeste und korrosionsbeständige Sinterwerkstoffe, 2. Plansee-Seminar, Springer-Verlag, Wien (1956), S. 50.
(38) Kieffer, R., Untersuchungen über die Mischbarkeit von Übergangsmetallnitriden und -karbiden, Metall, Bd. 26 (1972), Nr. 7, S. 701.
(39) Benesowsky, Fries, R.J., Cunnings, J.E. u.a., The Chemical Diffusion of Carbon in the Group IVB Metal Carbides, in: High Temperature Materials, 6. Plansee-Seminar (1968).
(40) Eisenkolb, F., Fortschritte der Pulvermetallurgie, Bd. II, A. Merz, Werkstoffe auf Hartstoffbasis, S. 452 ff., Akademie-Verlag, Berlin (1963).
(41) Metcalfe, A.G., The Mutual Solubility of Tungstencarbide and Titaniumcarbide, J. Inst. Metals 73 (1947), S. 591 - 607.
(42) Hinnüber, J. und W. Kinna, Über die Löslichkeit von Wolframkarbid in Titankarbid, Arch. Eisenhüttenwes. 29 (1958), S. 391 - 396.
(43) Nowotny, H., Parthé E., Kieffer, R. und F. Benesovsky, Das Dreistoffsystem Titan-Wolfram-Kohlenstoff, Z. Metallkde., Bd. 45 (1954), Nr. 3, S. 97.
(44) Hinnüber, J., Zur Frage der Beanspruchungsgrenzen von Hartmetall, Fortschrittliche Fertigungstechnik und moderne Werkzeugmaschinen, Essen (1954), S. 56.
(45) Hara, A. und M. Miyake, On the Formation Process of (W-Ti) C-Powder, Planseeber. 18 (1970), Nr. 4, S. 227.
(46) Eremenko, V.N., Isothermal Section of the Ti-V-C System at 1450°C, Poroshkovaja metallurgiya, 1964, Nr. 6, S. 27.
(47) Tret'yachenko, L.A. und V.N. Eremenko, Structure of some Alloys of the System Titanium-Vanadium-Carbon.
(48) Cadoff, I. und John P. Nielsa, Titanium-Carbon Phase Diagramm, Journal of Metals, February 1953, S. 248 - 252.
(49) Fedorov, T.F., Gorshkova, L.V. und E.L. Cladys, The Ternary Ti-V-C-System, Tsv. akad. Nauk. SSR, Metally (1966), 4, S. 128.

Abbildungen

Abb. 1: Ansicht des Plasmaofens bei geöffnetem Deckel

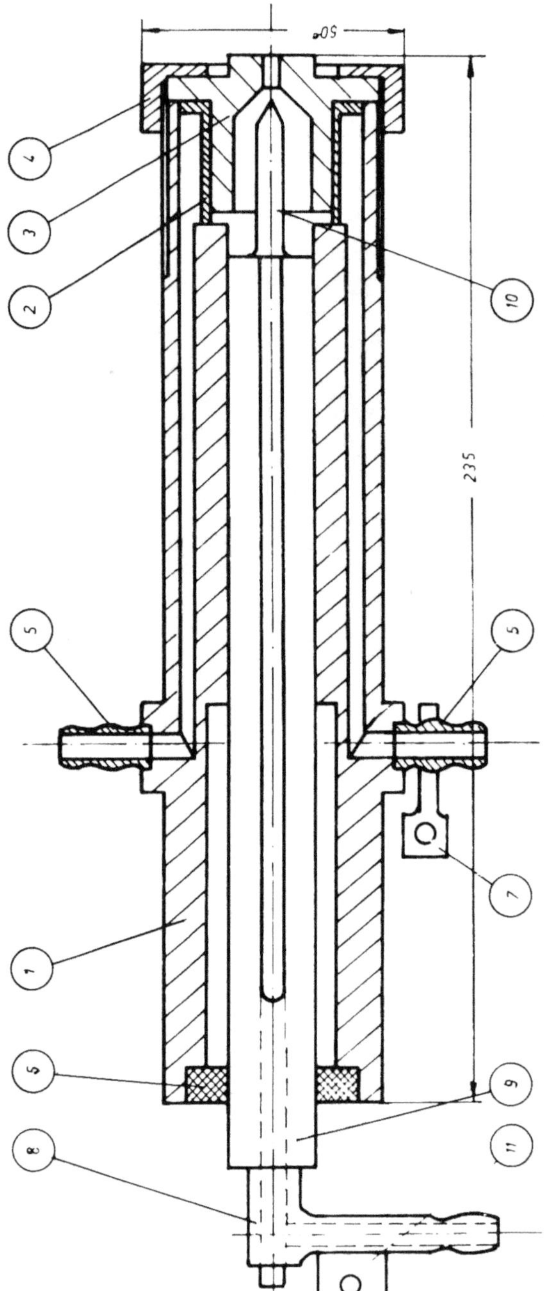

Abb. 2: Aufbau eines Plasmabrenners

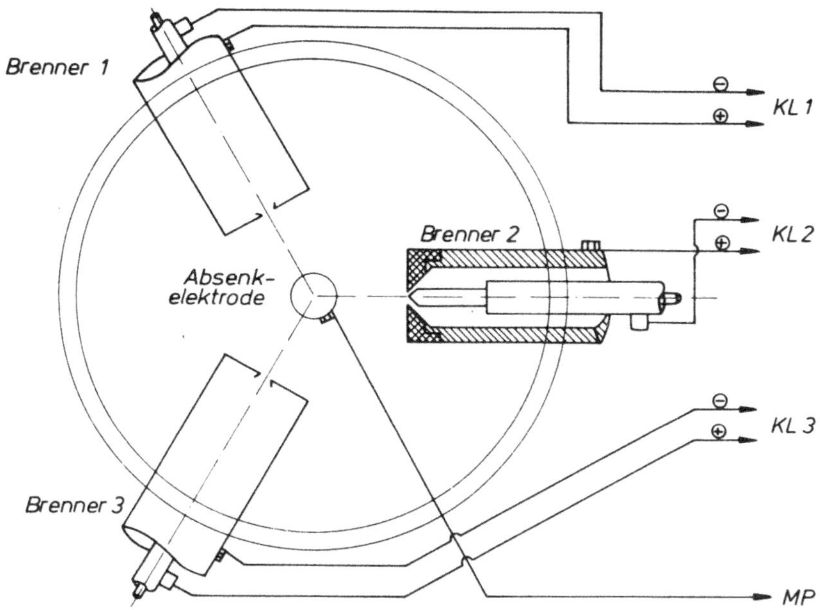

Abb. 3: Lage der Plasmabrenner im Ofenraum

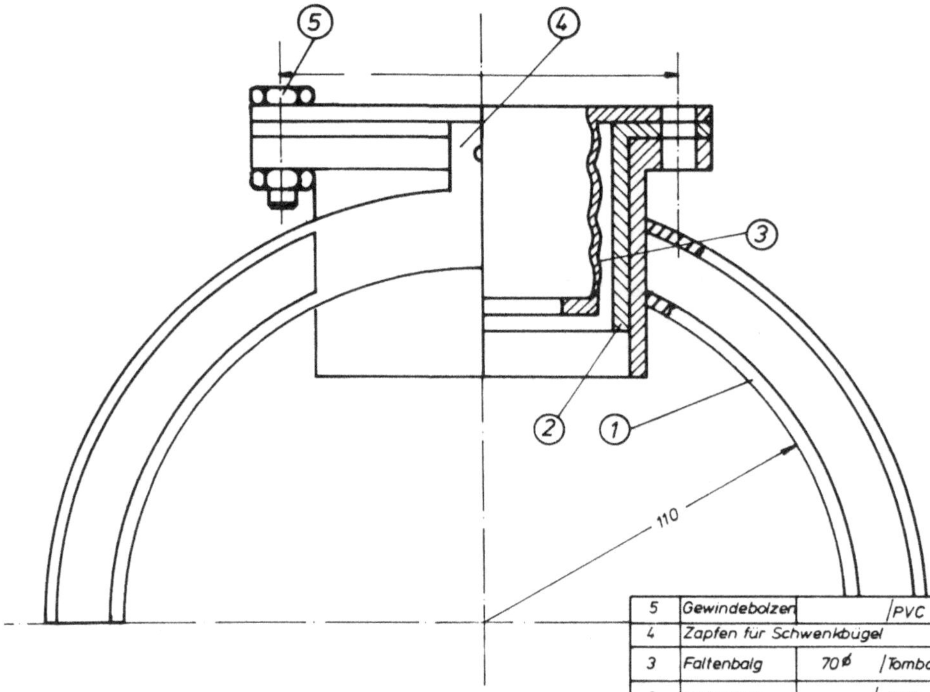

5	Gewindebolzen		/PVC
4	Zapfen für Schwenkbügel		
3	Faltenbalg	70∅	/Tombak
2	Isolierrohr		/ PVC
1	Ofenmantel	300∅	/ St 00
Teil-Nr.	Benennung	Abmessung	Material
Maße in mm	BRENNEREINSATZ f. Plasmaofen		

Abb. 4: Einbau der Plasmabrenner ins Ofengehäuse

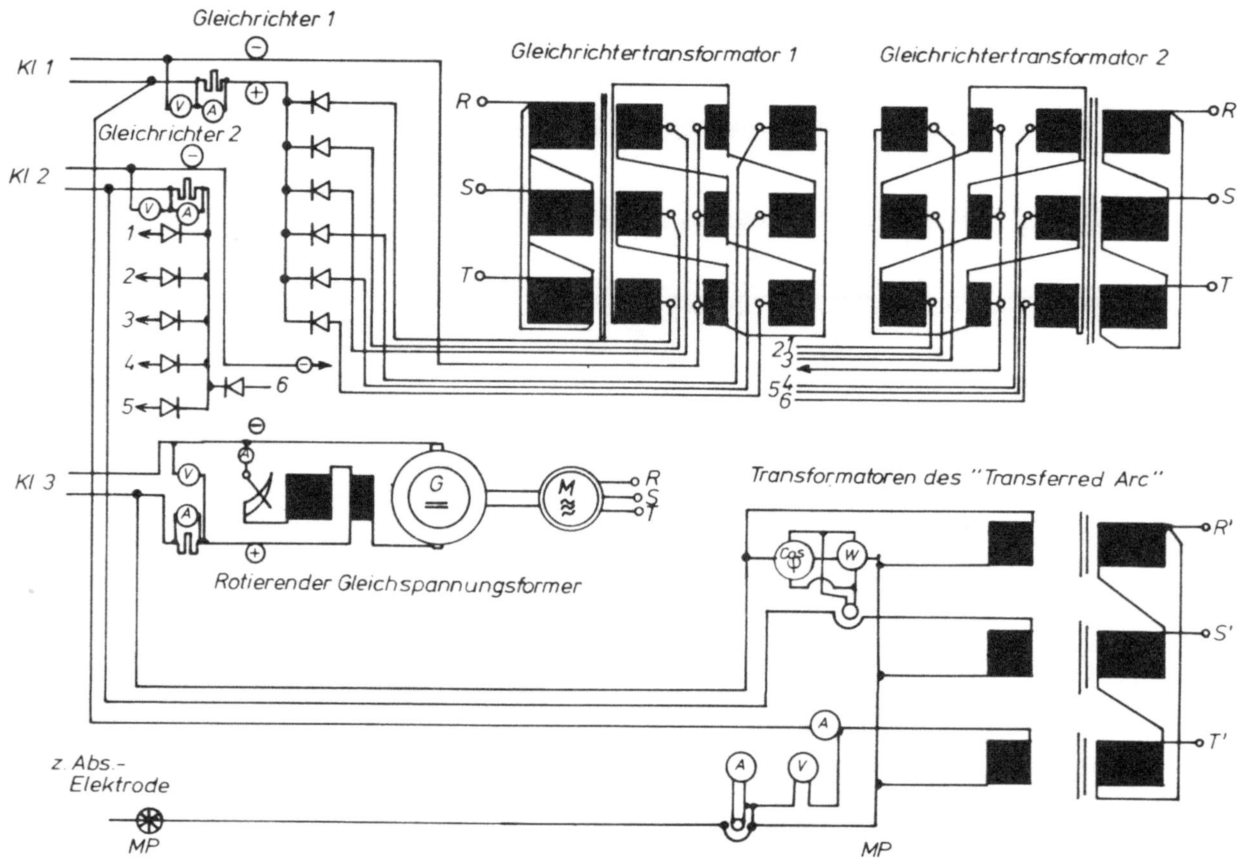

Abb. 5: Stromversorgung der Plasmabrenner

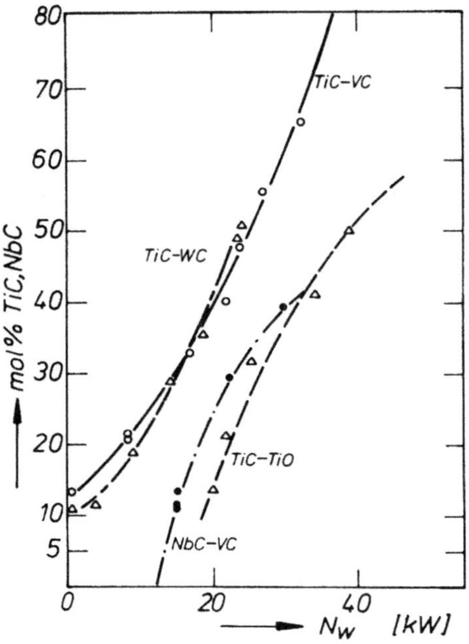

Abb. 6: Schmelzbarkeit von Mischkarbiden

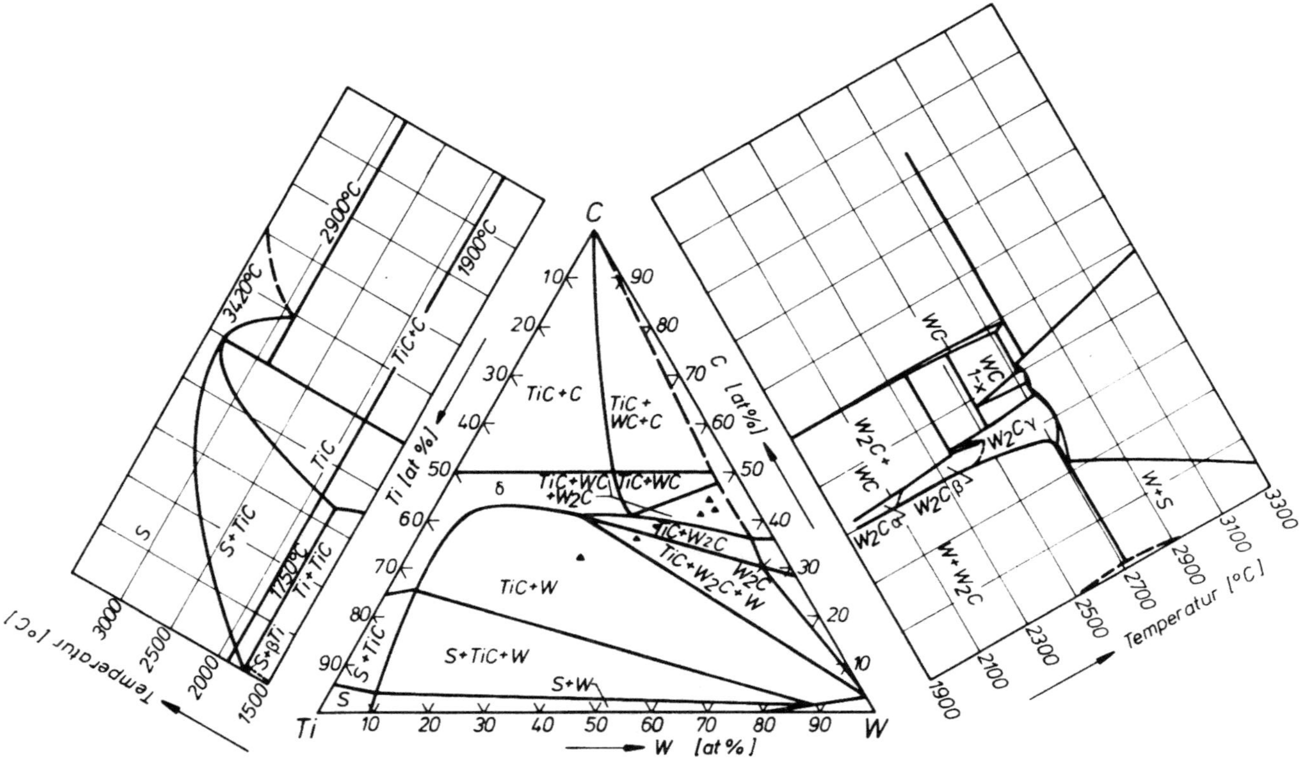

Abb. 7: Ternäres System TiC-WC (qualitativ)

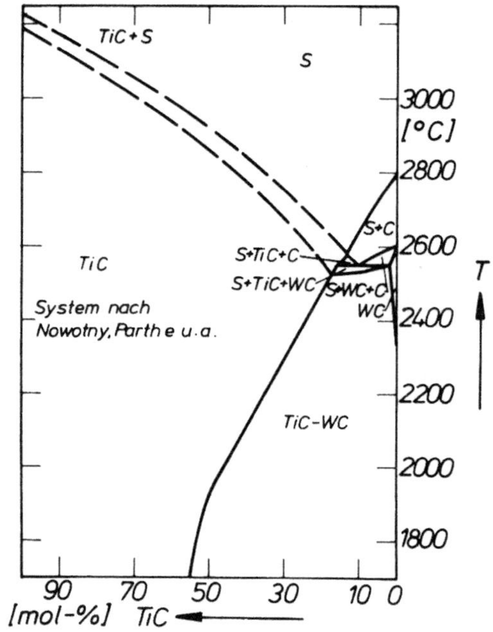

Abb. 8: Quasibinärer Schnitt WC-TiC nach Schrifttumsangaben

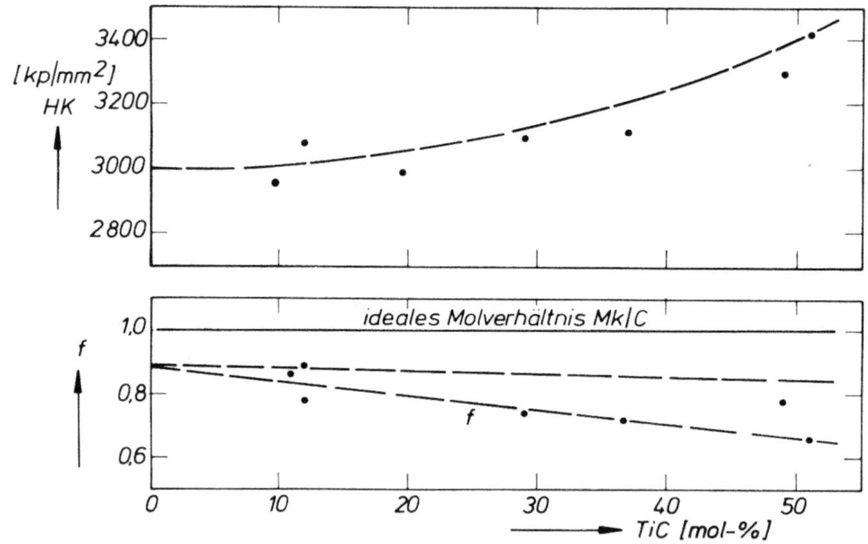

Abb. 9: Knoop-Härte (HK) und Stöchiometriefaktor (f) von Mischkristallkarbiden im System TiC-WC

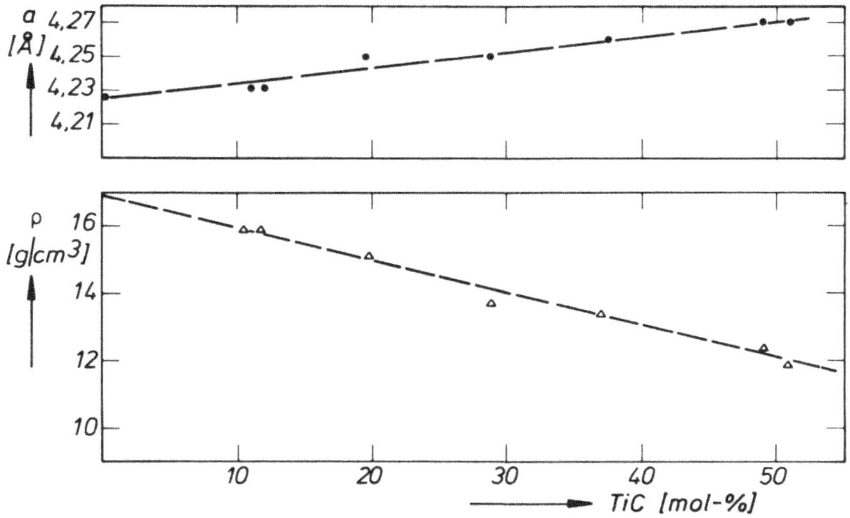

Abb. 10: Gitterparameter (a) und Dichte (ρ) von Mischkristall-karbiden des Systems TiC-WC

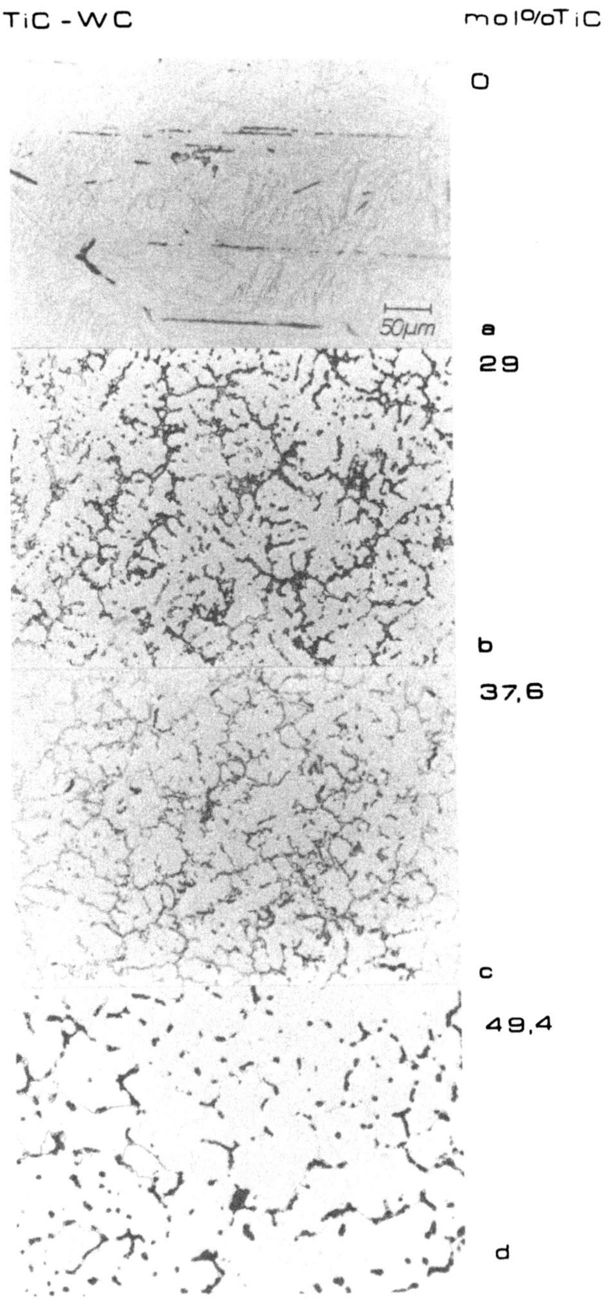

Abb. 11: Anschliffe im System WC-TiC

TiC - WC 11,6 mol%TiC

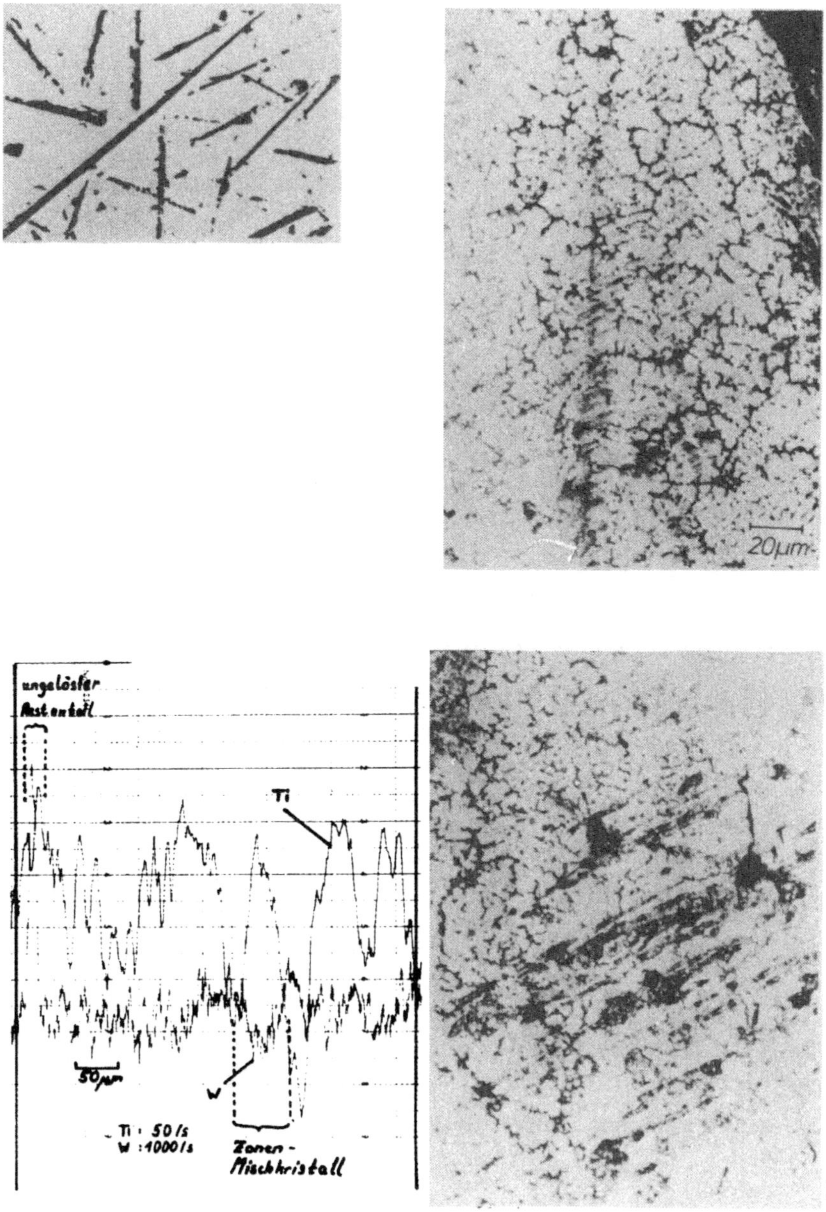

Abb. 12: Mikrosondenaufnahme im System WC-TiC

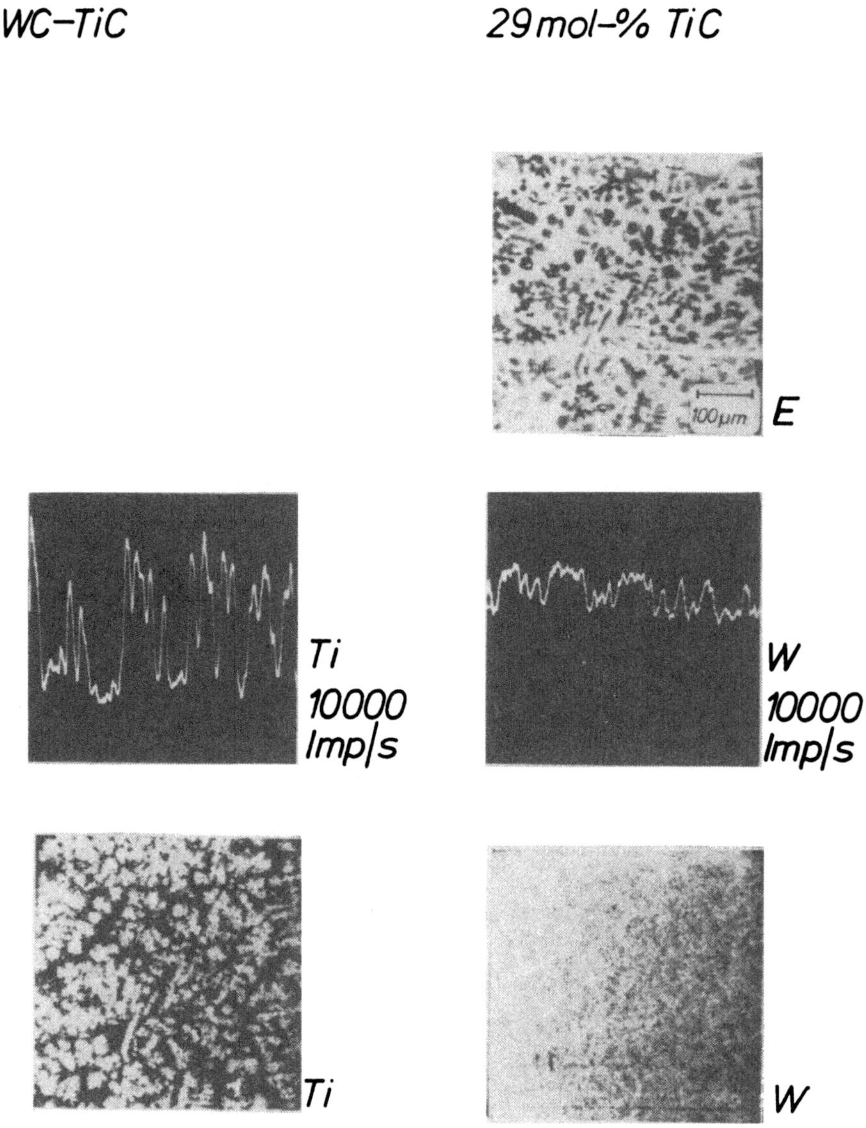

Abb. 13: Mikrosondenaufnahme im Syster

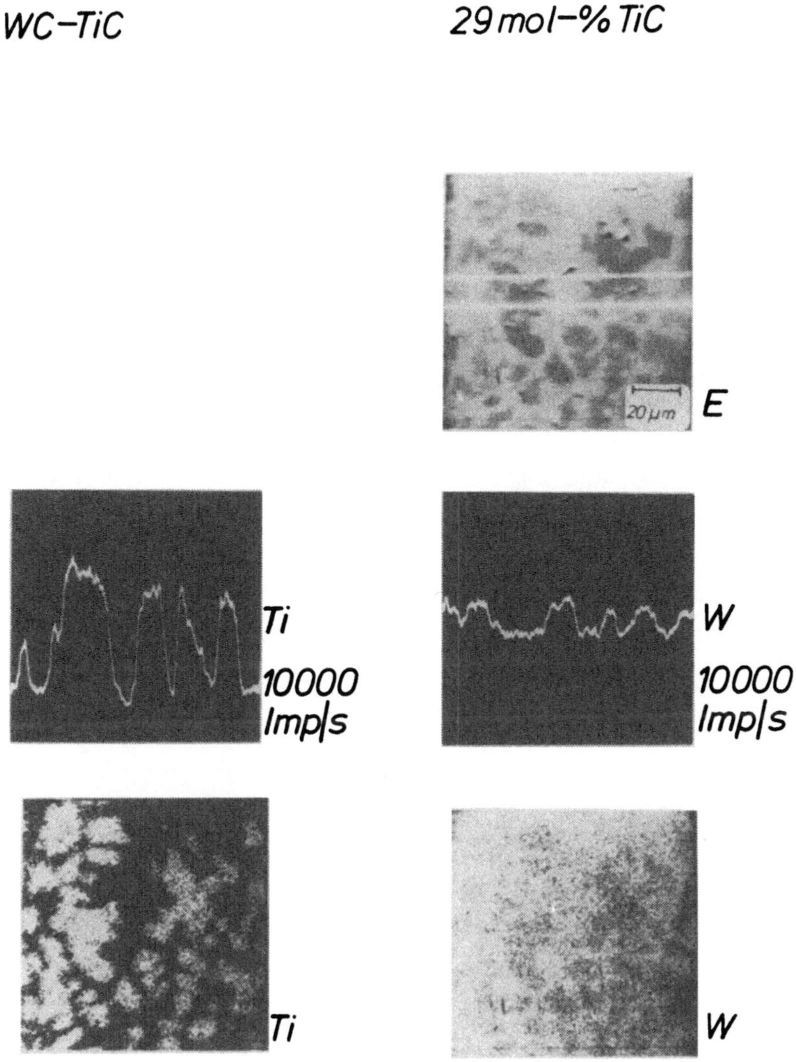

Abb. 14: Mikrosondenaufnahme im System WC-TiC

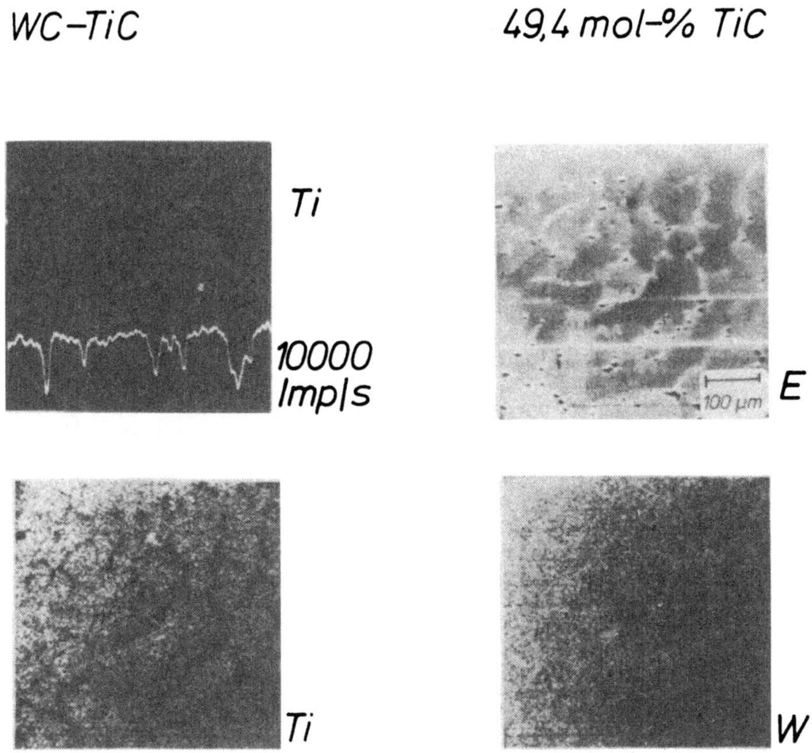

Abb. 15: Mikrosondenaufnahme im System WC-TiC

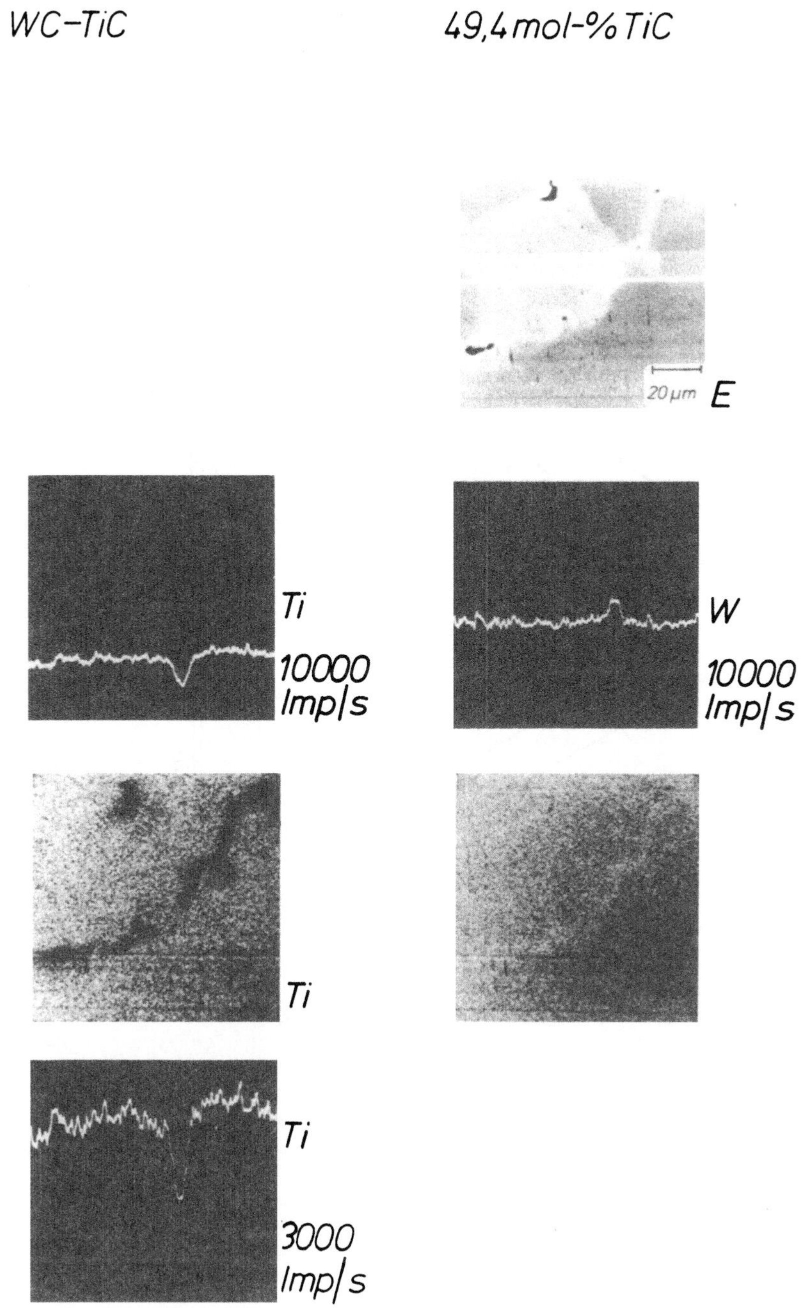

Abb. 16: Mikrosondenaufnahme im System WC-TiC

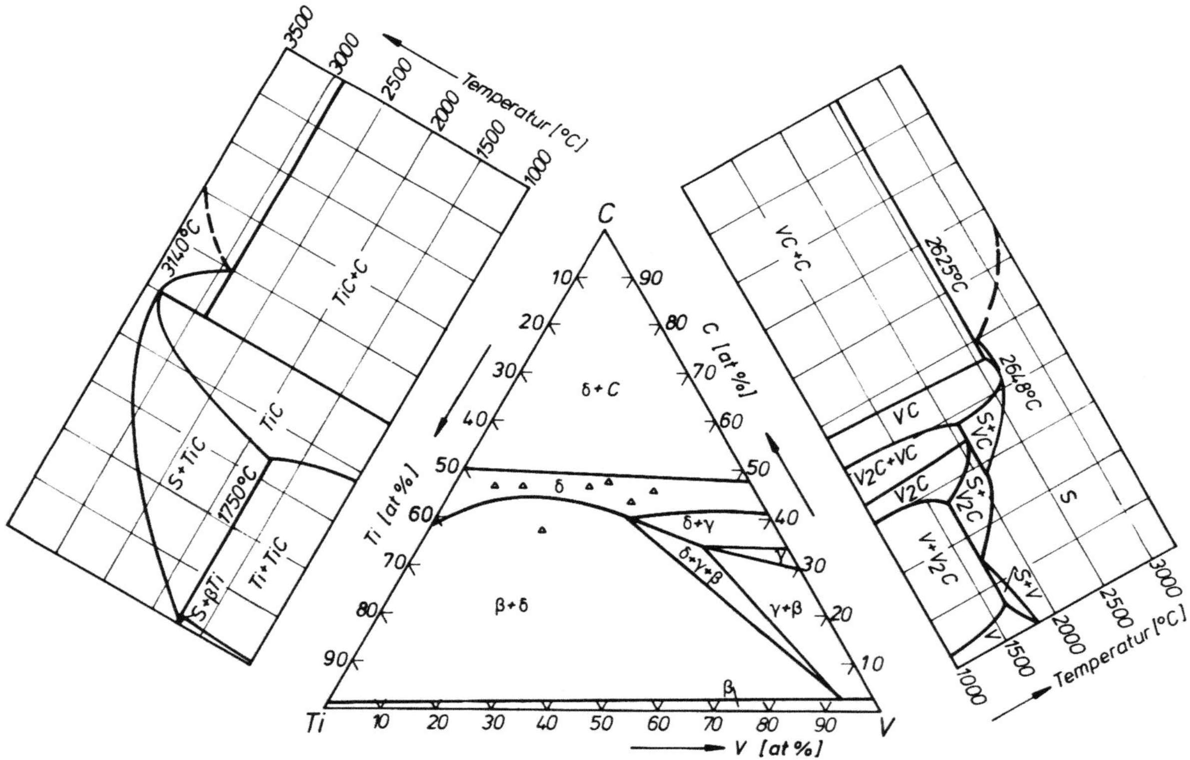

Abb. 17: Ternäres System VC-TiC

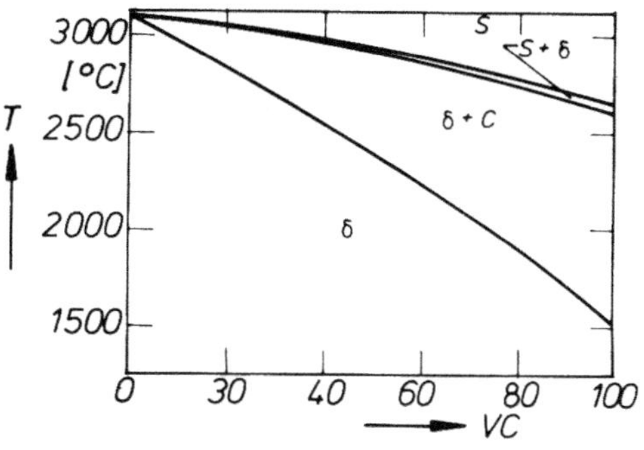

Abb. 18: Quasibinärer Schnitt TiC (50 at % C)-VC (47 at % C)
(qualitativ)

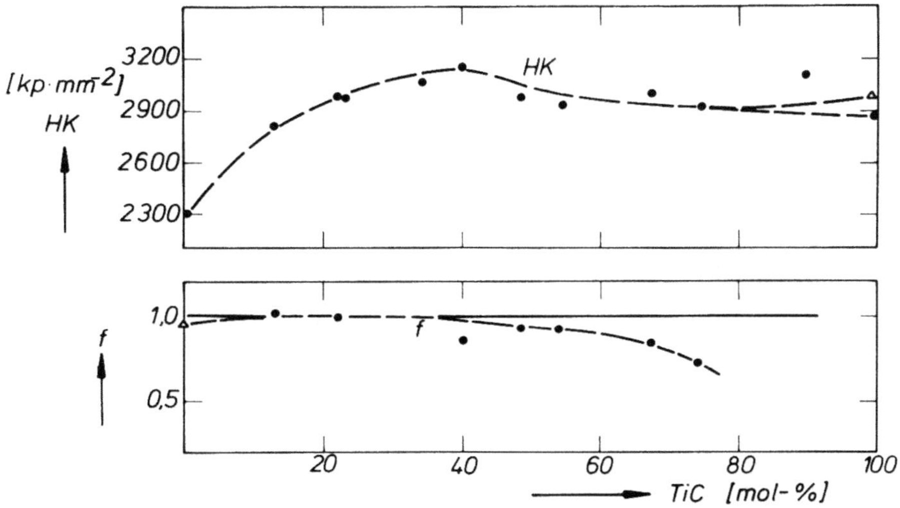

Abb. 19: Knoop-Härte (HK) und Stöchiometriefaktor (f)
von Mischkristallen des Systems TiC-VC

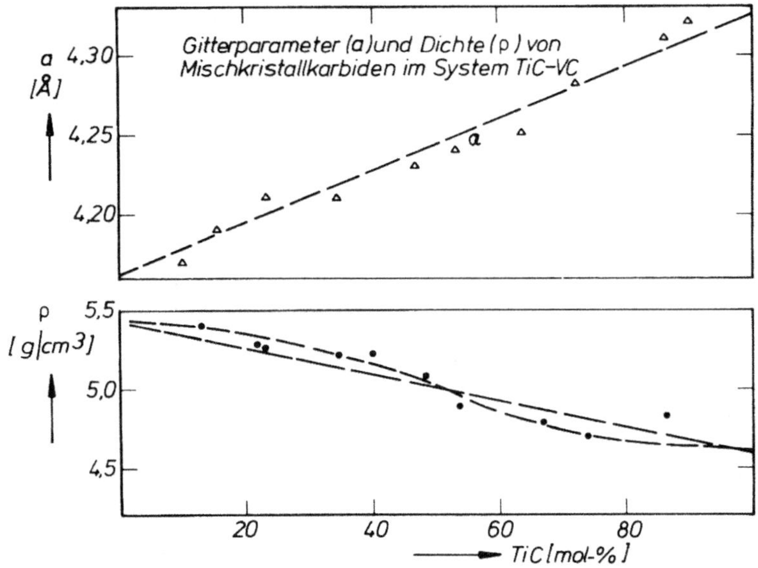

Abb. 20: Gitterparameter (a) und Dichte (ρ) von Mischkristallkarbiden im System TiC-VC

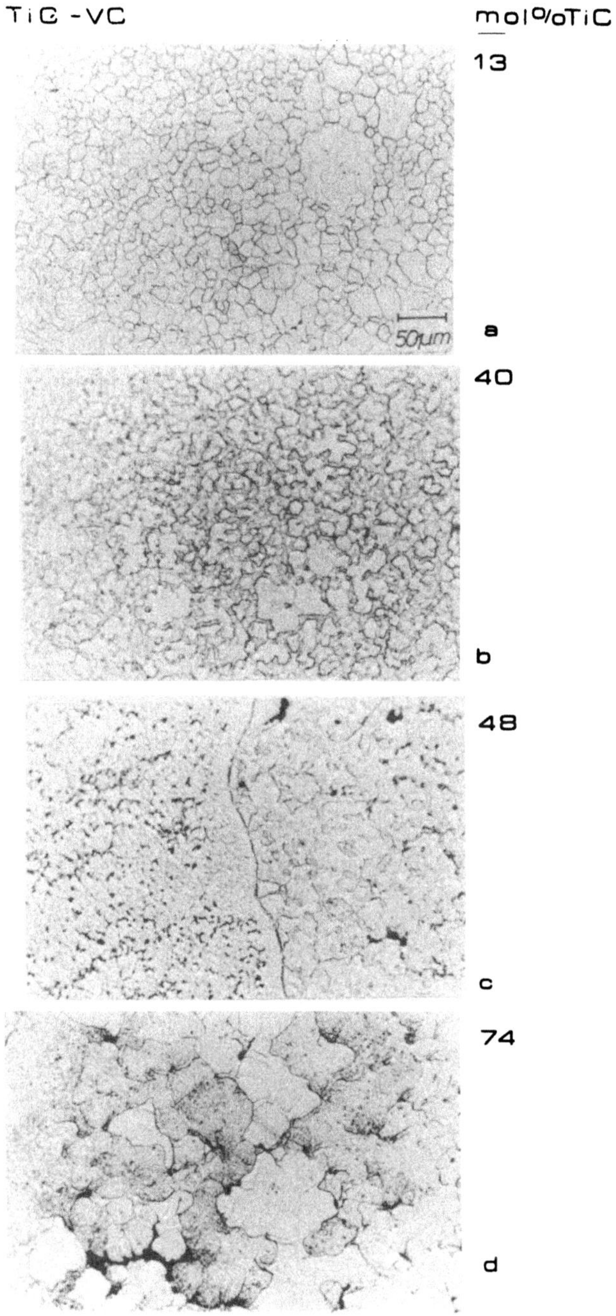

Abb. 21: Anschliffe im System VC-TiC

VC-TiC 54 mol %TiC

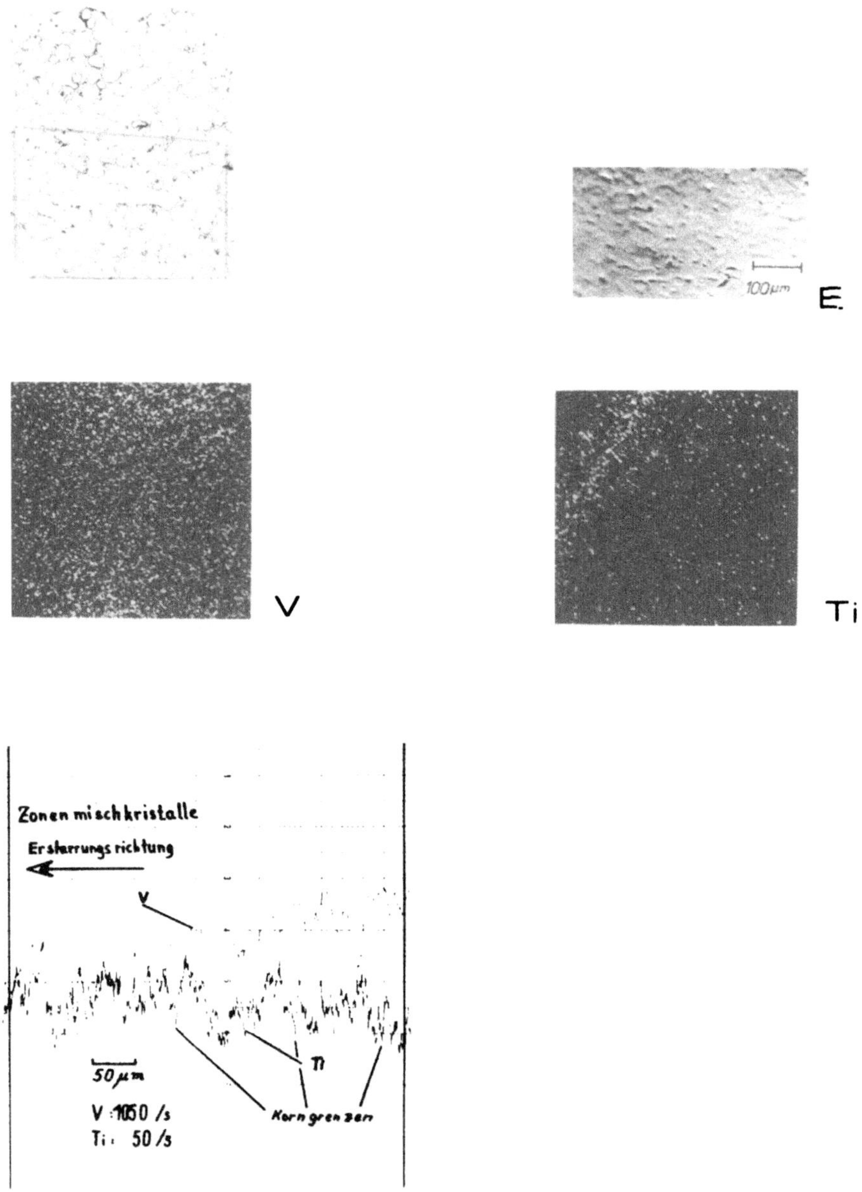

Abb. 22: Mikrosondenaufnahme im System VC-TiC

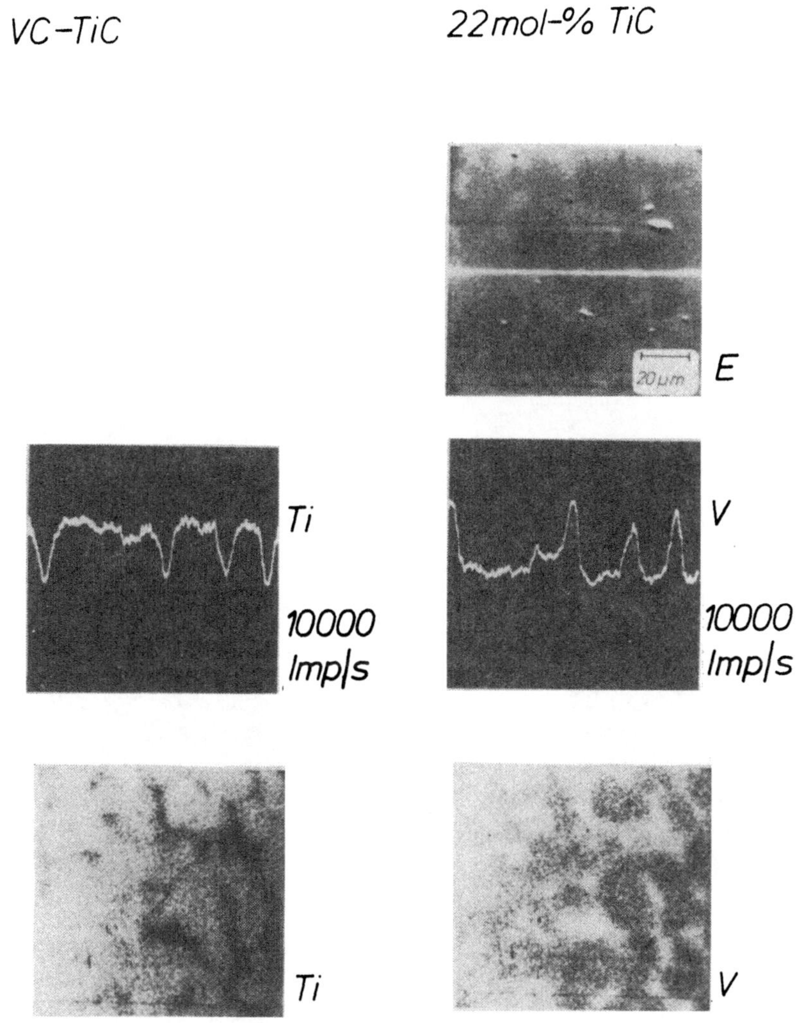

Abb. 23: Mikrosondenaufnahme im System VC-TiC

VC-TiC 13 mol %TiC

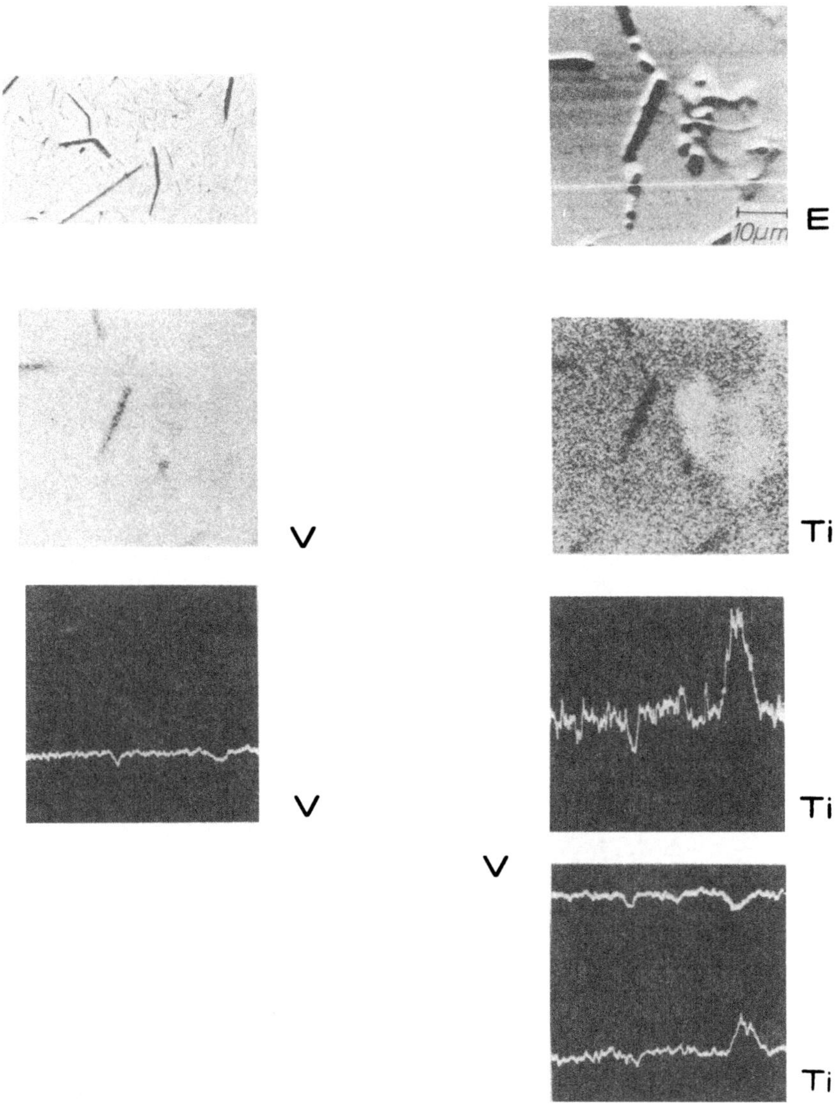

Abb. 23a: Mikrosondenaufnahme im System VC-TiC

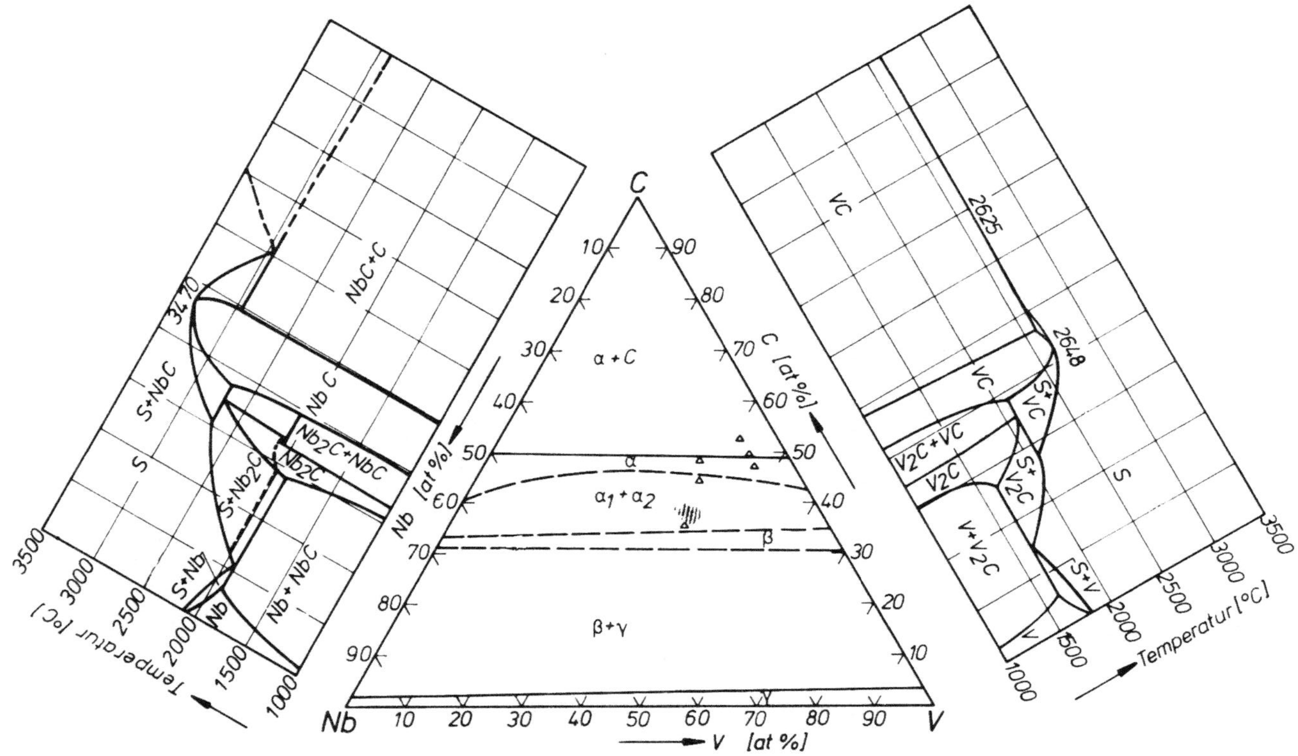

Abb. 24: Ternäres System VC-NbC (qualitativ)

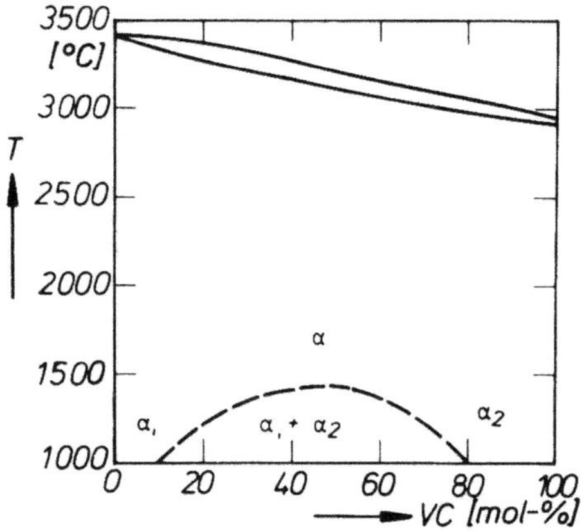

Abb. 25: Quasibinärer Schnitt VC-NbC (qualitativ)

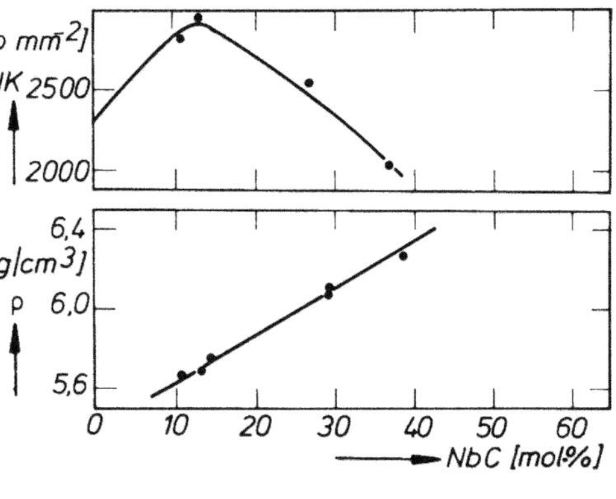

Abb. 26: Knoop-Härte (HK) und Dichte (ρ) der Mischkristall-karbide im System VC-NbC

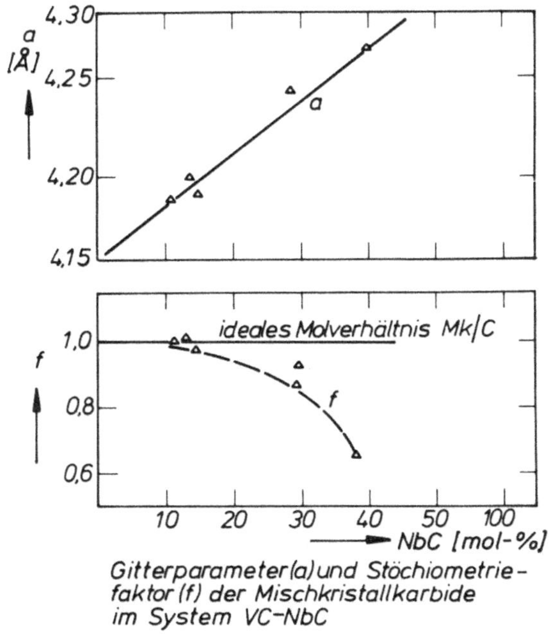

Abb. 27: Gitterparameter (a) und Stöchiometriefaktor (f) der Mischkristallkarbide im System VC-NbC

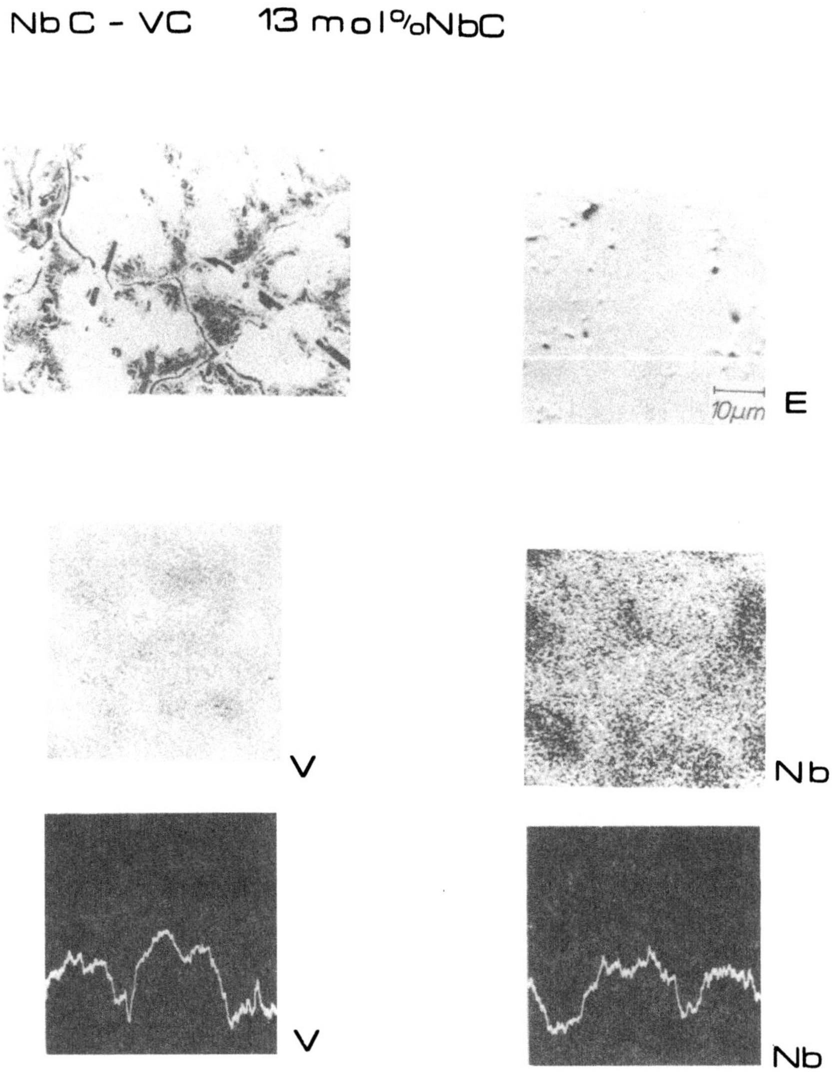

Abb. 28: Mikrosondenaufnahme im System VC-NbC

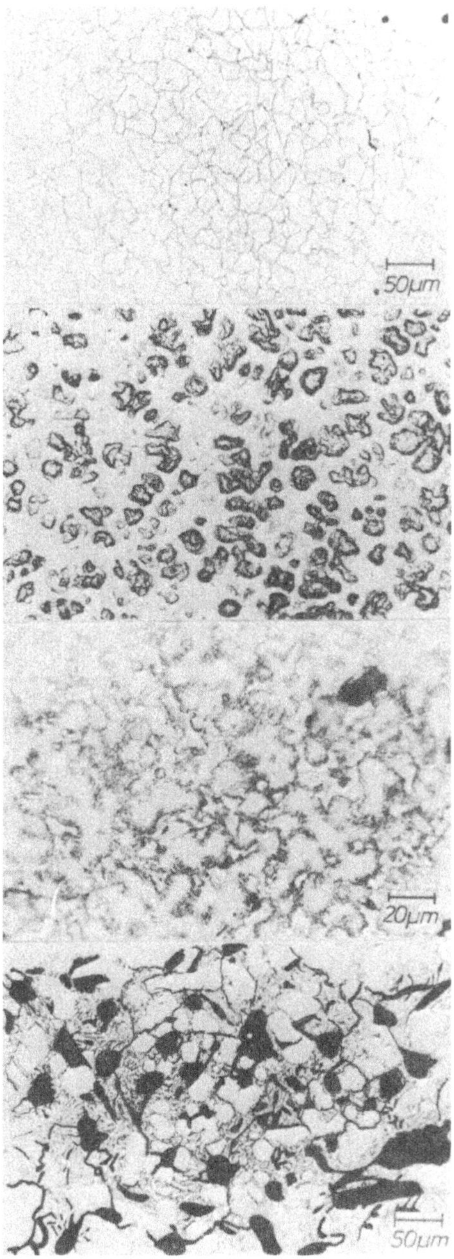

Abb. 29: Anschliffe im System VC-NbC

Forschungsberichte des Landes Nordrhein-Westfalen

Herausgegeben im Auftrage des Ministerpräsidenten Heinz Kühn
vom Minister für Wissenschaft und Forschung Johannes Rau

Sachgruppenverzeichnis

Acetylen · Schweißtechnik

Acetylene · Welding gracitice
Acétylène · Technique du soudage
Acetileno · Técnica de la soldadura
Ацетилен и техника сварки

Arbeitswissenschaft

Labor science
Science du travail
Trabajo científico
Вопросы трудового процесса

Bau · Steine · Erden

Constructure · Construction material · Soilresearch
Construction · Matériaux de construction · Recherche souterraine
La construcción · Materiales de construcción · Reconocimiento del suelo
Строительство и строительные материалы

Bergbau

Mining
Exploitation des mines
Minería
Горное дело

Biologie

Biology
Biologie
Biologia
Биология

Chemie

Chemistry
Chimie
Quimica
Химия

Druck · Farbe · Papier · Photographie

Printing · Color · Paper · Photography
Imprimerie · Couleur · Papier · Photographie
Artes gráficas · Color · Papel · Fotografía
Типография · Краски · Бумага · Фотография

Eisenverarbeitende Industrie

Metal working industry
Industrie du fer
Industria del hierro
Металлообработывающая промышленность

Elektrotechnik · Optik

Electrotechnology · Optics
Electrotechnique · Optique
Electrotécnica · Optica
Электротехника и оптика

Energiewirtschaft

Power economy
Energie
Energía
Энергетическое хозяйство

Fahrzeugbau · Gasmotoren

Vehicle construction · Engines
Construction de véhicules · Moteurs
Construcción de vehículos · Motores
Производство транспортных средств

Fertigung

Fabrication
Fabrication
Fabricación
Производство

Funktechnik · Astronomie

Radio engineering · Astronomy
Radiotechnique · Astronomie
Radiotécnica · Astronomía
Радиотехника и астрономия

GPSR Compliance

The European Union's (EU) General Product Safety Regulation (GPSR) is a set of rules that requires consumer products to be safe and our obligations to ensure this.

If you have any concerns about our products, you can contact us on ProductSafety@springernature.com

In case Publisher is established outside the EU, the EU authorized representative is:

Springer Nature Customer Service Center GmbH
Europaplatz 3
69115 Heidelberg, Germany

Batch number: 10584556

Printed by Printforce, the Netherlands